现代果树简约栽培技术丛书

现代桃简约栽培技术

主　编　谭　彬
副主编　程　钧　王　伟　李继东

黄河水利出版社
·郑州·

内 容 提 要

本书共分九章,主要包括桃树生物学特性、桃优良品种介绍、桃树育苗、建园、土肥水管理技术、桃主要树形及整形修剪、桃花果管理技术、桃病虫害防治、桃的采收及商品化处理等,从简约栽培的角度阐述各个生产环节的新模式,为规模化生产桃提供参考。

本书可供广大桃生产人员、农业技术推广人员和相关专业师生阅读参考。

图书在版编目(CIP)数据

现代桃简约栽培技术/谭彬主编.—郑州:黄河水利出版社,2018.10

(现代果树简约栽培技术丛书)

ISBN 978-7-5509-2189-4

Ⅰ.①现… Ⅱ.①谭… Ⅲ.①桃-果树园艺 Ⅳ.①S662

中国版本图书馆 CIP 数据核字(2018)第 244777 号

组稿编辑:岳晓娟 电话:0371-66020903 E-mail:2250150882@qq.com

出 版 社:黄河水利出版社
   地址:河南省郑州市顺河路黄委会综合楼 14 层 邮政编码:450003
发行单位:黄河水利出版社
发行部电话:0371-66026940、66020550、66028024、66022620(传真)
   E-mail:hhslcbs@ 126. com
承印单位:河南瑞之光印刷股份有限公司
开本:890 mm×1 240 mm 1/32
印张:4.75
字数:140 千字
版次:2018 年 10 月第 1 版 印次:2018 年 10 月第 1 次印刷

定价:26.00 元

现代果树简约栽培技术丛书

主 编 冯建灿 郑先波

《现代桃简约栽培技术》编委会

主 编 谭 彬

副主编 程 钧 王 伟 李继东

参编人员 王会鱼 李 明 陈谭星 王 婷

现代果树简约栽培技术系列丛书由河南省重大科技专项（151100110900）、河南省现代农业产业技术体系建设专项（S2014-11-G02,Z2018-11-03）资助出版。

前　言

　　桃是深受人们喜爱的世界性大宗水果。我国地处东亚,地域辽阔,生态气候类型多样,是优质桃的适宜产区。桃以其结果早、产量高、收益快等特点在我国农村产业结构的调整中具有举足轻重的地位。据联合国粮食及农业组织(FAO)统计,2017 年我国桃种植面积已达781 882 hm^2,总产量 1 429 万 t,分别占世界总量的 51.0% 和 57.8%,收获面积和产量均占世界首位。目前,桃产业已成为农民脱贫致富的重要途径,在桃的栽培区,桃果收入占农民现金收入的 50% 以上。

　　传统的桃业以劳力密集型和精耕细作型的生产方式为特点,在过去的几十年里,人们依靠这种方式,使我国的桃生产得到了发展,产量和品质都有了大幅度提高,使我国成为世界重要的桃果产地之一,千百万果业人员也因此而走上了富裕之路。随着社会的进步和发展及观念的改变,传统的果树业受到了冲击,主要表现在大批有文化的年轻人转移到第二、第三产业,果树从业人员高龄化、老龄化现象日趋明显,尤其在经济发达地区更为突出。目前,果园生产成本随着生产资料、交通运输、劳动力价格的增加不断攀升,经济效益逐渐下降。因此,迫切需要种植技术和种植方式的创新,以转变果业增长方式。研究与推广果树的省力化轻型栽培技术是社会发展的必然趋势,具有十分重要的现实意义。

　　桃简约化栽培已成为业界认可的方向。简约化就是要轻便和简单,要将桃园管理由密集劳动和精耕细作向省力化和简单化方向转变,减轻劳动强度。同时,通过创新种植技术和方式,在确保果品品种和质量的前提下,简化管理,减少劳力投入,降低劳动成本,提高经济效益。

　　本书重点阐述了桃简约化栽培的一系列创新技术,主要包括桃树的生物学特性、优良品种介绍、育苗建园、土肥水管理、整形修剪、花果管理、病虫害防治、果实采后储藏及商品化处理等。开展桃简约化栽培新技术集成创新与示范推广,使新建和改造后的桃园实现机械化、标准化、规模化和产业化生产,以提高桃果品品质,增加农民收入,促进我国桃产业的可持续发展。该书可供广大桃生产人员、农业技术推广人员和相关专业师生阅读参考。

　　限于作者水平,本书错漏之处在所难免,敬请广大读者批评指正!

作　者

2018 年 5 月

目 录

第一章　桃树生物学特性

桃属于蔷薇科李属植物,为落叶小乔木,一般树高 4~5 m。叶为窄椭圆形至披针形;花单生,先于或与叶同时开放;果实形状有卵形、宽椭圆形或扁圆形,果肉颜色有白色、黄色和红色;枝条根据功能可分为生长枝和结果枝。

桃树生长快,定植后第二年即可开花结果。幼树生长旺盛,发枝多,树冠形成快。幼树一年可抽生 3 次枝,二次梢也可形成花芽,开花结果。

桃树果实产量和品质与栽培条件密切相关。例如我国南方地区,早熟桃成熟期正遇梅雨季节,由于地下水位高,空气湿度大,极大地影响了果实的品质和产量。

桃树为喜光性作物,同时适合在土壤疏松、地下水位较低的地方种植。桃树忌重茬栽植,因为桃树根中含有苦杏仁苷,其在土壤中可分解产生氢氰酸,能对幼树根部产生毒害作用。

桃树寿命较短,在北方一般 20~25 年以后树势开始衰减。在多雨和地下水位较高地区或瘠薄的山地,一般 12~15 年即表现衰老。光照充足的地区,管理较好的果园 25~30 年还可维持较高产量。

第一节　桃树一年内的生长发育过程

一、发芽与开花

桃树的花芽早在上一年 7~8 月间即已开始分化,然后经过漫长的秋冬季直至早春开花期,在此期间花芽一直处于休眠状态。随后,芽开始萌动,逐步发育形成完整的花器官或叶器官。此期间地下根也先于芽的萌动而开始活动和伸长,吸收水分和养分。在这个过程中,桃树必须经过一个低温阶段,才能打破芽体的休眠。如果未达到足够的需冷量,桃树将会出现秋季延迟落叶,次年发芽推迟,芽数减少,开花不整齐等不正常生理现象。不同桃树品种通过这个低温阶段的时间长短不同,原产北方的品种要求较长的低温时间,原产南方的品种要求的低温时间相对较短。大多数桃树栽培品种的需冷量在 $400 \sim 1\ 200$ h。

二、新梢生长

桃树开花展叶后,新梢便开始进入旺盛生长期,时间一般从 4 月上旬开始至 6 月中旬结束。以后随着果实的膨大加速,新梢伸长逐步缓慢,开始加粗生长,并萌发二次枝。如果果实收获时新梢仍旺盛生长,说明树势过旺,会影响果实品质;如果新梢很早就停止了伸长,则说明树势过弱。

三、授粉、受精

桃大多为自花结实的虫媒花,当花开放前,雌、雄蕊即已成熟,部分花药已开裂散出花粉,即可自行授粉。小蕾期的花粉已具有萌发能力,一般从小蕾期到大蕾期花粉发芽力相应增加。桃花粉有直感现象,异花授粉果实品质好、坐果率高。雌蕊柱头一般可保持授粉能力为 $4 \sim 5$ d。在北方花期遇干热风,柱头在 $1 \sim 2$ d 内枯萎,授粉时间缩短。花粉在 10 ℃以上即可发芽,雌蕊受精的适宜时期是开花 $1 \sim 2$ d 内,一般可延续 $4 \sim 5$ d。桃花受精为双受精,从授粉到受精大约需 2 周。

四、果实膨大

桃树果实膨大有三个阶段,被称为 1 期、2 期和 3 期。1 期始于开花受精后,幼小果实的细胞不断分裂,果肉细胞数量增多,果实逐步膨大。大约 30 d 后,细胞分裂停止,细胞开始增大,果实继续膨大。果实膨大 1 期合计 $40 \sim 50$ d。2 期为果核逐步形成时期,所以又称为硬核期。果实膨大 1 期结束时,果实膨大暂停,中心部的果核开始充实,包裹种子的内果皮逐步木质化,种子也逐步发育成熟。3 期为硬核期结束后,此期果肉细胞又开始增大,从外表看果形恢复膨大直到收获。这个时期果实重量的增加量占整个果实总重量的 2/3 左右,果实大小主要在这个时期形成。同时,果实品质也发生显著变化,糖度增加,色泽变艳。

五、花芽分化和根系再次生长

桃树花芽分化开始时间因品种和栽培条件不同而有所差别,一般在 7 月中旬至 8 月中下旬。果实采收后,叶片光合作用产生大量碳水化合物,除供树体生长外,一部分用于花芽分化,另一部分储藏于树体枝干、根系中。适当在夏季修剪,改善光照,提高叶片光合能力,有利花芽分化和养分的积累储藏。一般花芽分化要求自萌芽到分化始期,需要有大于或等于 10 ℃的有效积温 900 ℃。花芽分化时根系出现第二次生长高峰,并持续到落叶休眠。

六、落叶休眠

随着温度的降低,桃树叶片开始脱落。落叶迟早与树势关系紧密,树势越强落叶越迟,树势越弱落叶越早。

第二节　桃树一生的生长发育过程

桃树一生,大致经历幼树期、初果期、盛果期、衰老期四个阶段。

一、幼树期

幼树期一般指桃苗定植当年到最初开花结果的阶段。这一阶段,桃树营养生长占绝对优势,此时期一般为 2~3 年。幼树期是桃树树体形成的重要时期,此期树势强健,营养生长旺盛,地上部分和根系迅速扩大。新梢一年内可发生 3 次,甚至 4 次生长,管理上应加强土肥水的管理,及时定干、整形。此期的关键任务是选留和培养主、侧枝,完成幼树整形。

二、初果期

初果期指开始挂果到产量稳定进入盛果期为止,此时期树体从营养生长转入生殖生长,此时期一般为 2~3 年。这一时期,修剪和栽培管理趋于复杂,在继续培养树形骨架、培养大中型结果枝组的同时,注意控制树高、抑制树势,促使及早转入盛果期。应严格控制留果量,使产量稳步上升,逐步进入盛果期。这个时期需要增加施肥量以满足产量上升的需要。

三、盛果期

盛果期又称结果生长期,是桃树经济结果年限的主要时期。盛果期营养生长、果实发育和花芽分化关系协调,生长和结果趋于平衡,产量高且趋于稳定。此时期树体已发展完善,主、侧枝不再延长,树冠上下布满结果枝。此时期一般为树龄 6~7 年以后至 20 年左右,这个时期的长短与栽培管理关系很大。应注意供给充足的肥水来增强根系活力,适时更新结果枝,及时疏除过密枝以改善内膛光照;合理负载并加强花果管理,以便维持健壮的树势和提高果品质量;加强枝干病虫害管理,防止树势减弱。

四、衰老期

从植株衰老至全株死亡为衰老期,一般树龄已过 20 余年。随着树龄的增长,树体机能逐渐衰老,其明显特征是新梢长度和抽生量大量减少,树冠内膛、下部枝条枯秃,生长减弱,结果量明显下降,品质下降;再生作用减退,生活力下降,伴随着各种组织和器官功能的衰退与解体,最后全株死亡。此时除增加施肥量、加重修剪以维持树势外,应开始准备桃树品种更新工作。

第三节　桃树生长结果习性

一、根

桃树的根有主根、侧根和须根,主要功能是固定植株、输送水分和养分,也是储藏养分的重要器官。桃树为浅根性果树,水平根发达,其根系分布的深度和广度因砧木种类、品种特性、土壤情况和地下水位等因素而不同。一般情况下,水平分布范围为树冠的 2~3 倍,绝大部分分布在半径 2 m、地表下 60 cm 范围内,但以半径 1 m、地表下 30 cm 范围内为多。

根系分布与土壤状况有密切关系,疏松的土壤根系分布深而广,黏重的土壤根系分布小而浅。桃树根系耐涝性差,耐旱性较强,根系对土壤水分非常敏感,水分含量过高会抑制根系的生长,从而使树体衰弱。桃树根系的年周期生长与土壤温度关系密切,当土壤温度达到 0 ℃以上时,即可活动,开始吸收水分、养分,并同化氮素;当土壤温度达到 5 ℃时,新根开始生长;7.2 ℃时,营养物质可以向上移动;15 ℃以上时,根系生长旺盛;升到 26 ℃时,新根停止生长,进入夏季休眠;达到 50~60 ℃时,根尖细胞会发生死亡现象。根系分布因砧木类型而异。毛桃砧木根系发育较好、细根较多、垂直分布较深;山桃须根较少、根系分布较深;寿星桃的主根粗短、侧根多、须根细密。

桃树根系好氧性强。桃园积水 1~3 个昼夜即可造成落叶,尤其是在含氧量低的水中。据测定,土壤空气氧含量 15% 以上时,树体生长健壮;10%~15% 时,树体生长正常;降至 7%~10% 时,生长势明显下降;7% 以下时,根呈暗褐色,新根发生少,新梢生长衰弱。这表明桃树栽培地应选择土壤疏松、含水量适中、通透性好的地方。

二、枝

桃树的枝条可分为营养枝和结果枝两大类。

桃树的叶芽萌发抽生枝条,如果生长旺盛,抽生枝条上不见花芽或只有很少花芽的,被称为生长枝。1~3 年生的幼树生长枝比例较大,进入结果期以后,生长枝比例迅速减少。依据生长势的不同,可分为发育枝、徒长枝和叶丛枝三种。发育枝生长强壮,粗度多在 1.5~2.0 cm,其上萌发的二次枝较多,二次枝可以形成花芽结果;徒长枝是因树势过旺或修剪不当萌发出的旺枝,多年生枝的潜伏芽受到某种刺激后也可萌发出徒长枝,徒长枝生长旺盛,生长季如不加控制,常常形成树上树,造成树形紊乱,产量降低,果实品质下降;叶丛枝极短,约 1 cm 长,只有顶生的一个叶芽,所以又名单芽生长枝,大多由枝条基部的芽萌发而成,由于营养不良,可延续多年仍为叶丛枝,在营养和光照条件好转时也可抽生成中长果枝。生长枝在幼龄桃树上出现较多,着生位置、粗度、长势合适的,常被依次培养成主枝、亚主枝、侧枝等,作为树体的骨架枝条。主枝粗度应该大于亚主枝,亚主枝粗度大于侧枝,确保树体总体平衡协调,养分、水分运输通畅。主枝、亚主枝、侧枝组合成一棵树的整体姿态,其配置分布的样式和状态直接影响叶片的受光条件,对果实的品质有非常重要的影响。

着生很多花芽的枝条被称为结果枝。结果枝按枝条的长短分为花束状果枝、短果枝、中果枝和长果枝等。长果枝生长适度,长度为 30~60 cm,粗度为 0.5~1.0 cm,其上芽多为三芽的复花芽,中间为叶芽,两侧为花芽,为桃树主要的结果枝。中果枝生长中庸,较长果枝细弱,一般长度为 15~30 cm,粗度为 0.4~0.5 cm,不抽生二次枝,枝上单芽复芽混生,单花芽较多,主要用于结果,也可选基部有叶芽的留作预备枝。短果枝长度为 5~15 cm,粗度为 0.2~0.3 cm,枝上芽的着生因品种而异:有的为三个花芽的复芽,有的只有单花芽,有的顶部为叶芽,有的没有叶芽。花束状果枝长度不超过 5 cm,除顶端叶芽外,几乎均为单花芽,在结果枝不足的树上可留作结果用,一般情况只作预备枝或疏除。

不同品种的主要结果枝类型不同。目前生产上所采用的绝大多数品种长、中、短枝均可成花结果,只有少数北方品种群以短果枝结果为主。若要生产特大型果,无论哪个品系的品种,均应采用短果枝结果。此外,枝条的长度和比例除受遗传因素影响外,栽培管理和结果多少也是影响新梢生长的重要因素。在肥水管理正常的情况下,人们可以通过各种修剪方法和是否留果以及留果数量来调整新梢的生长与结果枝比例,从而实现优质、丰产、高效的栽培目标。

三、芽

桃树芽有叶芽、花芽、隐芽。

叶芽指能够抽生出枝叶的芽,着生在新梢顶端或新梢叶片的叶腋中。1个节位上只长有1个叶芽的芽叫单叶芽,1个节位上长有2个或3个叶芽的芽叫复叶芽。第二年春天,叶芽展叶并继续抽枝发叶,成为新梢。在当年新梢的叶腋中还能形成当年的新叶芽,新叶芽初夏发叶抽枝,形成夏梢,也被称为副梢,能长出副梢的叶芽叫副梢芽。

花芽是典型的纯花芽,只能长成花器官,不能长成枝叶。1个节位上着生2个或3个花芽的芽叫复花芽。花芽分化的多少与树体的生长状况有密切的联系,树势旺盛,花芽分化较少;树势适中,花芽分化较多。光照好的年份花芽分化较多,阴雨天多、光照不足的年份则花芽分化较少。

隐芽又叫潜伏芽,芽体潜伏在枝条内部,肉眼是看不见的。在外界条件刺激下,如重剪、短截时,隐芽便会萌发,这一性质对桃树更新复壮具有重要意义。隐芽的寿命与所在枝条的生长状况有关,一般为3~5年。另外,有时桃树新梢叶腋内没有形成芽原基,最后枝条节位上没有叶芽或花芽出现,被称为盲芽现象。

四、花和果实

桃花一般由雄蕊(40多枚)、雌蕊(1枚)、花瓣(5个或5的倍数)和萼片(5个)组成。根据花瓣数目可分为单瓣花和重瓣花;根据花形可分为蔷薇形和铃形。蔷薇形花冠大,雌雄蕊包裹在花瓣内;铃形花冠小,雌雄蕊不能全部包裹在花瓣内。

早春花芽开始膨大,芽体上显现茸毛密布。花前7~10 d花芽露白,随后桃花便开放。桃树开花后1~2 d内雌蕊柱头上分泌物最丰富,是接受花粉的最佳时期,花期一般为3~5 d。桃树大部分品种能自花授粉,但异花授粉果实品质更好。桃树开花前气温低则推迟花期,推迟开花后气温升高,花期会缩短。开花期遇低温阴雨则授粉不良。

桃树的果实是由受精的子房发育而成的。桃果实的基本形状有三种:卵形、宽椭圆形和扁圆形。果实颜色有黄肉、白肉和红肉等。桃根据果实质地可分为溶质桃和不溶质桃等。桃果形、颜色、质地等是不同品种的固有特性。但是,是否充分表现品种固有的性状特征,栽培管理有非常大的影响。

五、叶

桃叶片的主要功能是光合作用,叶片从空气中吸收的二氧化碳和根系从土壤中吸收的水分,在一定光照强度条件下,通过光合作用合成糖、淀粉等碳水化合物,然后通过枝、干送到果实、根系等各器官部位,作为生长发育所需的营养。叶片的功能状况关系到整株桃树的生命健康,与优质高产关系很大。

叶片年生长周期内形态、色泽的变化大致分为 4 个时期:第一期 4 月下旬至 5 月下旬,叶片迅速增大,颜色由黄绿色转为绿色,为迅速生长期。第二期 5 月下旬至 7 月中旬,叶片大小已形成,叶片的功能达到了高峰,为正常生长期;第三期 7 月中旬至 9 月上旬,叶片呈深绿,最终转为绿黄色,质地变脆,叶柄出现褐色,为老化期;第四期 9 月上旬至下旬,叶片由枝的下部向上渐次产生离层,10 月开始落叶。

六、花芽分化

桃花芽分化要经历生理分化和形态分化两个时期。生理分化期一般于 5 月下旬至 6 月上旬开始,到 7 月中旬前后结束。生理分化开始早晚及持续时间长短与品种、树龄、树势、新梢长度、芽在枝条上的着生部位、气候等因素有关。生理分化开始后 5~10 d 即转入形态分化,形态分化可分为开始分化、萼片分化、花瓣分化、雄蕊分化和雌蕊分化 5 个时期。秋季落叶前,芽内逐渐分化形成萼片、花、雄蕊、雌蕊原始体。

七、休眠

入秋后不久,叶芽即陆续进入自然休眠状态,至落叶前 40 d 左右花芽也很快进入自然休眠状态。进入自然休眠状态的芽,必须在适宜的低温条件下经过一定的时期才能解除休眠。只有解除自然休眠的芽,才能在适宜的温度条件下正常发育、萌发,抽枝长叶,开花结果。

桃树解除自然休眠所需的冷温量称为需冷量。需冷量是由遗传因素决定的,每个品种都有一定的需冷量,不同品种之间需冷量差异很大。南部地区栽培桃树要选择需冷量低、在当地能正常结束自然休眠的品种;北方地区进行设施促早栽培时应尽量选择需冷量低的品种,而进行延迟栽培时则应尽量选择需冷量高、成熟极晚的品种。

八、花器官发育

早春,随着气温的回升,花芽逐渐萌动,芽内进入雌雄配子体的分化与发育时期。此时的芽对环境温度反应十分敏感,过低则发育缓慢,过高则性器官发育受阻,导致花粉败育,以致花芽脱落。

九、开花坐果

桃树为两性花,自花结实能力较强,但也有不少品种花粉败育,这些无花粉品种在合理配置授粉树后仍可丰产。

桃花在日平均温度达 10 ℃左右时开始开花,最适温度为 12~14 ℃,花期为 7 d 左右。桃树开花早晚因品种、气候、土壤、树龄、树势、枝条类型而异。南方地区冬季短而较温暖,开花早晚主要受品种需冷量大小的影响,需冷量大的品种开花晚,需冷量小的开花早,有的地方不同品种之间始花期相差 30 d 以上;北方地区冬季低温时间长,所有品种都能顺利通过自然休眠,开花早晚主要受品种本身需热量的影响,需热量低的品种开花早,需热量高的品种开花晚,不同品种间开花期相差 1~7 d。沙土或沙壤土春季低温回升快,桃树开花相对较黏重土壤上的早,成年树较初果树开花早;树势弱的较树势强的开花早;花束状果枝、短果枝较中长果枝开花早;徒长性果枝开花最晚。桃花期长短因气候条件而异,气温低、湿度大则花期长,气温高、空气干燥则花期缩短。

临近开化前,桃化的雌雄配子即已发育成熟,开花当天花药开裂散粉。桃单花的有效授粉期一般为 2~5 d。花期温度低、湿度大时,有效授粉期长;温度高、空气干燥时则有效授粉期短。桃子房中有两个胚珠,一般在受精后 2~4 d,小的胚珠退化,大的则继续发育形成种子。有时两个胚珠同时发育,在一个果核内形成两粒种子。子房壁的内层发育成果核,中层发育形成果肉,外层发育形成果皮。

十、果实发育

桃果实生长发育为双 S 形。授粉受精后,子房壁细胞迅速分裂,子房开始膨大,形成幼果。2~3 周后,细胞分裂速度逐渐放慢,果实生长也随之放缓。花后 30 d 左右,细胞分裂停止,此后的果实生长主要靠细胞体积和细胞间隙的增大。桃果实的生长发育要经历三个时期,即幼果膨大期、硬核期和果实迅速生长与成熟期。幼果膨大期始于花后子房开始膨大,止于果核硬化开始之前,前后持续 20~40 d。花后子房迅速膨大,幼果体积和重量迅速增加,果核也迅速增大,至嫩脆的白色果核核尖呈现浅黄色,即果核开始硬化为止;硬核期果实体积增长缓慢,果核逐渐硬化,种胚逐渐发育,而胚乳则逐渐消失。当果实再次开始迅速生长时,此期结束。硬核期持续时间长短因品种而异,极早熟品种 1 周左右,早熟品种 2~3 周,中熟品种 4~5 周,晚熟品种 6~7 周,极晚熟品种 8~12 周。果实迅速生长与成熟期在硬核期结束后,果实再次开始迅速生长,至果实成熟为止。此期果实体积和重量迅速增长,果实重量的增加占总果重的 50%~70%,增长最快时期在采收前 2~3 周。栽培管理正常的情况下,此期结束前果实完全表现出其品种特征。果面丰满,果个达到应有的大小和重量,果皮及果肉中的叶绿素迅速减少,果皮中的花色素迅速积累,果皮、果肉均呈现出其品种固有的颜色。果实硬度下降,并富有一定弹性,果肉中的淀粉和有机酸迅速分解,可溶性固形物和芳香类物质含量迅速增加,基本呈现出其品种固有的大小、颜色和风味。此期果核体积不再增加,只是种皮逐渐变褐,种子干重迅速增长。此期持续时间长短及品种间的变化趋势与幼果膨大期相似。油桃的果实生长与普通桃完全不同。Harold(1976)在美国东部观察了 11 个油桃品种的生长动态,发现油桃果实没有明显的缓慢生长期和迅速生长期,在整个果实发育过程中,一直处于不断生长状态。

第四节　桃树栽培对环境条件的要求

桃树原产于我国海拔高、日照长而光照强的西北地区,长期生长在土层深厚、地下水位低的疏松土壤中,适应空气干燥、冬季寒冷的大陆气候。因此,桃树为喜光、耐旱、耐寒能力较强的树种。

一、光照

桃原产地海拔高、光照强,因此桃为喜光树种,具有喜光的特性。研究发现,桃对光照强度反应敏感,当光照强度降到自然光的30%～50%时,新梢生长受到明显抑制,叶片变薄,叶面积增大,叶片栅栏组织变少、海绵组织更加疏松,叶片叶绿素含量增加,净光合速率下降。芽萌动期至花期光照不足会降低花粉发芽率和坐果率;幼果膨大期光照不足使幼果发育迟缓并大量脱落;光照不足还会降低桃果的单果重和可溶性固形物、可溶性糖、可滴定酸的含量,不利于花青素的形成。这说明光照对桃树的正常生长发育及开花结果都有非常显著的影响。

随着树冠扩大,树冠外围光照条件好,花芽多且饱满,果实品质高,但树冠内膛常因光照不好,花芽少而瘪,果实品质差,枝叶易枯死,这会导致结果部位迅速外移,产量下降,所以在栽培上一定要注意通过修剪来改善树冠内膛光照。不过,向阳面因日光直射,造成昼夜温差大,甚至发生日灼伤害。夏季干旱地区,直射光照也能使树干和主枝发生日烧病而使树势和产量受到影响。

二、温度

桃树对温度的适应范围较广,耐寒能力较强,冬季可耐-20 ℃左右的低温。桃树花芽在自然休眠状态下能耐-14～-16 ℃的低温。自然休眠之后,气温在20～25 ℃,桃树开花授粉良好。花蕾期气温在-1.7～6.6 ℃,花蕾即受害。开花期温度在-1～-2 ℃,则花朵受害。

桃树开花、授粉受精后形成果实,其结实率直接受开花期温度高低的影响。原因是昆虫活动受到气温的影响,当气温在20 ℃时昆虫活动最旺盛,这对传粉有利。此外,桃树花粉萌发的最适温度也在23～25 ℃。幼果期温度越高,果实生长速度越快,果实的细胞量多,果个越大。温度对桃果实成熟和品质均有影响。果实成熟期间,昼夜温差大,果实含酸量增多;温度在25～35 ℃,气候干燥,果实品质好。桃树也能耐受夏季高温,但枝叶的生长适温为 18~23 ℃,高温与多雨季节出现的地区,枝条生长连续不停,养分消耗过多,积累少,开花多但结果少,因此难作经济栽培。

三、水分

桃树最怕水淹。桃园中积水或地下水位过高,会引起根系早衰,叶片变薄、颜色变淡,进而落叶落果,流胶严重,植株衰弱以致死亡。桃树开花期降水会严重影响授粉受精;硬核期降水过多会引起严重落果;6~8月生长季降水频繁,会引起枝条徒长、流胶、花芽形成不良等。

四、土壤

桃树对土壤的适应性较广,在丘陵、岗地和平原地带均可种植。在黏土和沙土上也能栽培,但最适宜的是排水良好、土层深厚的沙质土壤。桃树喜微酸性土壤,土壤 pH 为 5.5~7.2 时,桃树均可生长,最适宜的土壤是 pH5.5~6.5 的微酸性土壤。

桃根中含有苦杏仁甙,此物质在腐烂分解时产生氰氢酸,能对幼树根部产生毒害作用,使其生长不良甚至死亡,因此桃树忌重茬栽培,新栽桃树宜选新地。但若必须连作,亦应在老树淘汰后休闲耕作 2~3 年或采用挖大栽植坑换土的办法,以保证幼树的正常生长。

桃树根系中含苦杏仁甙等有毒物质,在正常情况下,这类化合物作为代谢活动的中间产物,不会对桃树自身的生命活动产生不良影响。但在缺氧或根系受到伤害,根系组织细胞的代谢积累达到一定程度时,根系组织细胞会中毒死亡。因此,桃树最怕土壤淹水和长时间湿度过大。叶片变薄、叶色变淡、光合能力降低,进而导致落叶、落果、流胶等现象的发生,以致植株死亡。

第二章　桃优良品种介绍

桃起源于中国,为蔷薇科李属桃亚属植物,是大宗水果之一,以其种类繁多、品种多样,在世界果树中占有重要地位。

第一节　桃品种类型的划分

桃品种类型根据品种本身的特性和应用目的不同有多种划分方法,常见的有以下几种。

一、根据品种的生态类型划分

(1)北方品种群:典型代表品种有肥城桃和深州蜜桃;
(2)南方品种群:典型代表品种有白花水蜜、奉化蟠桃。

目前,生产中的栽培品种融入了多种来源的基因,很难划分生态品种群,但总的来说偏向南方品种群。

二、根据应用的目的、果实或花类型划分

(1)普通桃:春美、雨花露、秋蜜红、黄水蜜等;
(2)油桃:中油桃 4 号、晴朗、瑞光 5 号等;
(3)蟠桃:瑞蟠 4 号、中蟠 1 号等;
(4)加工桃:豫白、丰黄、金童 5 号等;
(5)观赏桃:红寿星、粉寿星、碧桃、菊花桃等;
(6)砧木:毛桃、山桃、GF677 等。

三、根据果实成熟期划分

(1)极早熟桃:从开花至果实成熟的天数,即果实发育期在 65 d,

如春蕾、极早518等;

(2)早熟桃:果实发育期65~90 d,如黄水蜜、玉美人、春美、砂子早生等;

(3)中熟桃:果实发育期91~120 d,如大久保、湖景蜜露、川中岛白桃、秋甜等;

(4)晚熟桃:果实发育期121~150 d,如秋蜜红、瑞蟠4号等;

(5)极晚熟桃:果实发育期150 d以上,如映霜红、雪桃、中华寿桃等。

四、根据果肉颜色划分

(1)白肉桃:春美、秋蜜红、秋甜、玉美人等;

(2)黄肉桃:黄水蜜、黄金蜜3号、锦绣等;

(3)红肉桃:血桃、天仙桃、大红袍等。

五、根据果肉质地划分

(1)溶质桃:又分为软溶质和硬溶质,如黄水蜜、春美、大久保等。

(2)不溶质桃:果实成熟时不易剥皮,果肉具韧性,如罐桃14、连黄等。

在实际应用中,往往综合概括一个品种,如曙光为极早熟、黄肉、硬溶质油桃品种。

第二节 优良品种介绍

一、早熟品种

(一)春美

'春美'是中国农业科学院郑州果树研究所通过人工杂交培育而成的早熟鲜食桃品种,其母本为89-3-16('早红2号'×法国离核蟠桃),父本为SD9238('瑞光3号'×'五月火')。

1.主要性状、特性

1)植物学性状

叶片长椭圆披针形,叶柄阳面呈浅紫红色,具腺体 2~3 个,多为 2 个,腺体多为肾形,少数为圆形。花芽起始节位为 1~3 节,多为 1~2 节。花为蔷薇形,花瓣粉色,花粉多,丰产性好。

2)生长结果特性

树体生长势中等,树姿较开张,枝条萌芽率中等,成枝力高。一年生新梢绿色,阳面浅紫红色。

3)果实经济性状

果实椭圆形或圆形,果顶圆,缝合线浅而明显,两半部较对称。果实较大,平均单果重 180 g,最大果重 300 g 以上。果皮茸毛中等,底色绿白色,成熟后着鲜红色,艳丽美观,果皮厚度中等,不易剥离。果肉白色,肉细硬质,果实成熟后留树时间可达 10 d 以上,不易变软。风味浓甜,有香气,可溶性固形物含量 11%~14%。果核长椭圆形,粘核,不裂果。

4)物候期

春美在郑州地区,正常年份 3 月上旬叶芽开始萌动,3 月底至 4 月初开花,花期 5~7 d。果实 6 月 10 日开始成熟,6 月 15 日左右完全成熟,果实全面着色,6 月 20 日以后果实变软,果实发育期约 80 d。10 月下旬开始落叶,全年生育期 230 d 左右。

2.综合评价

该品种比'砂子早生'成熟略早,果实大,果肉硬,果面鲜红色;品质好,耐储运;自花结实,不需配置授粉品种,产量高而稳定,可作为早熟主栽品种或'砂子早生'的替代品种发展。

3.栽培技术要点

砧木北方以山桃为主,中南方以毛桃为主,在栽培密度上,应根据当地气候及土壤条件选择,以(2~3)m×(4~5)m 株行距为宜,南方采用 3 主枝或多主枝开心形,北方采用倒"人"字形或三主枝开心形。幼树期要加强肥水管理,促进尽快形成树冠,盛果期后要适当疏花疏果,合理控制产量。肥料以秋施为主,果实发育期适当补充磷钾肥。应及时防治病虫害。春美适合中国各产桃区栽培。

(二)沙红桃

由陕西省礼泉县沙红桃研究中心育成,从'仓方早生'中发现的芽变而来。

1.主要性状、特性

1)植物学特性

叶片椭圆披针形,叶基楔形,叶尖渐尖,叶缘细锯齿状,叶腺肾形。叶片长 15.2 cm,宽 4.43 cm,叶柄长 0.9 cm,叶色浓绿。花蔷薇形,花瓣 5 枚,花药白色,无花粉,自然授粉率中等。

2)生长结果特性

树势强健,树姿稍开张,萌芽率、成枝力均高,以中、长果枝结果为主。易成花,花芽起始节位为三节,复花芽多。

3)果实经济性状

果实圆形,果顶圆平微凹,缝合线浅而明显,两侧较对称,果形整齐。果皮底色黄绿白,果实 90%着玫瑰红晕,内膛果着色良好,茸毛密短,外观美丽。果肉乳白色,近果皮处红色,肉质细脆、硬,可溶性固形物含量 11%,味甜、有香气,粘核。平均果重 186 g,最大果重 350 g。

4)物候期

在郑州地区 3 月下旬盛花,6 月底成熟,果实发育期 85 d。

2.综合评价

果面 90%着色,外观美,肉质硬,耐储运,成熟果在树上挂 10 d 左右品质不变,无采前落果现象;克服'仓方早生'不抗炭疽病的特点;无花粉,果个较小。

3.栽培要点

配置授粉树,花期人工辅助授粉并喷施多元素叶面肥,以提高坐果率。在果实硬核期结束后疏果,每亩产量控制在 2 000~2 500 kg,以增大果个。

(三)中油桃 5 号

由中国农业科学院郑州果树研究所选育,亲本为'瑞光 3 号'ד五月火'。

1.主要性状、特性

1)植物学性状

叶片绿色,叶腺肾形,花铃形,花粉可育。

2)生长结果特性

树势强健,树姿开张。萌芽率、成枝力均强,各类果枝均能结果,以中、长果枝结果为主。

3)果实经济性状

果实短椭圆或近圆形,平均果重 166 g。果顶圆,偶有突尖,缝合线浅,两半部稍对称。果皮底色绿白,大部分或全部着玫瑰红色。果肉白色,硬溶质,果肉致密,耐储运,风味稍淡,可溶性固形物含量 11%,粘核。

4)物候期

在郑州地区 4 月初开花,6 月中旬成熟,果实发育期 72 d。

2.综合评价

自花结实、果个大,硬溶质,耐储运;内膛果着色差,风味稍淡。

3.栽培技术要点

夏季及时修剪,以改善通风透光条件,促进果实全面着色。增施有机肥,多施磷、钾肥,改善果实风味。

(四)黄水蜜

河南农业大学园艺学院从'旅大 60-21-129'的实生后代中选育出的早中熟、鲜食、黄肉普通桃新品种。2017 年通过国家林业局林木品种审定委员会审定。

1.主要性状、特性

1)植物学性状

新梢绿色,中果枝节间平均长 2.23 cm。叶片大,宽披针形,颜色绿,叶缘钝锯齿,缺刻深浅中等,叶基部楔形,先端渐尖。叶柄具腺体 2~3 个,腺体为肾形,较小。花蔷薇形,花粉可育。

2)生长结果特性

植株长势旺盛,树姿开张,萌芽率、成枝力均强;盛果期各类果枝均能结果,复花芽占 58.3%,花芽的起始位点低,花粉多,成花容易。

3）果实经济性状

果实椭圆形到卵圆形,果形指数为 1.3,顶部圆,顶端浅凹沟,顶尖大,缝合线宽浅,两侧果肉对称,梗洼极狭深。果面茸毛稀少,皮色金黄,黄色卡 8 级,顶部缝合线两侧和向阳处鲜红到紫红色晕,背面有不规则的鲜红网状或断续状阔条纹,外观艳丽。果实中等大小,平均单果重 160 g,最大果重 280 g。果皮厚,易剥离;果肉黄色,皮下 0.5 cm 左右宽度内黄色很深,向内至核周,黄色逐渐变淡,肉质细嫩,风味浓甜,香味浓郁;可溶性固形物含量 11.3%~14.5%,可溶性总糖含量 8.2%~9.3%,总酸含量 0.13%~0.35%,维生素 C 含量 8.14 mg/100 g;果肉硬溶质;果核长椭圆形、尖钝、离核。

4）物候期

在郑州地区,萌芽期一般在 3 月中下旬,初花期在 3 月底至 4 月初,盛花期在 4 月初,末花期在 4 月 10 日左右,果实 6 月底 7 月初可开始采收。果实发育期 85 d 左右,9 月底枝条停止生长,11 月上旬开始落叶,11 月中旬完全落叶,进入休眠期。全年发育期 240 d 左右。

2.综合评价

成熟期早,风味纯甜,香气浓郁,外观品质极佳,丰产;果顶先熟,不耐储运。

3.栽培技术要点

适宜栽培在平原、丘陵、山地,由于树势偏旺,要注重夏季修剪,控制树势,盛果期要进行疏花疏果,控制产量,增施有机肥,保证果实的外观品质、风味品质与营养品质。目前,该品种已在河南、陕西、安徽、山东等省种植,表现良好。

（五）豫农蜜香

河南农业大学园艺学院以晚熟鲜食桃品种'八月香'为母本、中熟鲜食桃品种'豫香'为父本进行有性杂交选育出的早熟、白肉鲜食桃新品种。

1.主要性状、特性

1）植物学性状

叶片大,宽披针形,叶长 17.4 cm、宽 4.3 cm,颜色绿,叶缘钝锯齿,缺刻深浅中等,叶基部楔形,先端渐尖。叶柄具腺体 2~3 个,腺体为肾形,较小。花蔷薇形,自花结实率高。

2) 生长结果特性

植株长势较强,一年可抽生 2~3 次副梢,花芽起始节位为 2~3 节,单、复花芽之比为 1:(3~4),以复花芽为主。该品种花粉多,自花结实能力强;幼树以长果枝结果为主,盛果期各类果枝均可结果。

3) 果实经济性状

果实长圆形,两半部较对称,果顶凸起,梗洼深,缝合线明显、浅,成熟状态一致。平均单果重 148 g,最大单果重 327 g。果面干净,底色白色,茸毛短,果肉白色,肉质为软溶质;汁液多,纤维中等;果实风味甜,可溶性固形物含量 15%,离核;可溶性糖含量 7.98%,总酸含量 0.22%,维生素 C 含量 122 mg/100 g。

4) 物候期

在河南郑州地区,萌芽期一般在 3 月上旬,初花期在 3 月 20 日,盛花期在 3 月底,末花期在 4 月 5 日,果实 6 月 18 日可开始采收,6 月 25 日左右完全成熟,果实生育期 90 d 左右。落叶终止期 11 月 10 日左右,全年生育期 260 d 左右。

2. 综合评价

成熟期早,口感极佳,果实外观品质良好,抗性强。

3. 栽培技术要点

适宜在土层深厚、土质疏松、排水良好的土壤种植。以毛桃作砧木繁育优良苗木。露地种植一般采用"Y"形整形,若希望早期丰产,可采用 1 m×(3~4) m 的株行距按主干形整枝。'豫农蜜香'属丰产型品种,为确保果实品质,丰产期应注意增施有机肥,提倡行间生草、行内覆盖的土壤管理模式;'豫农蜜香'结实率很高,为了提高果实品质,生产中要注重疏花疏果。每年冬季结合整形修剪,搞好果园清园工作。果实发育后期注意防治桃小食心虫、桃蛀螟。采果后搞好夏季修剪,确保树体通风透光,有利于连年丰产、稳产。

（六）玉美人

河南农业大学园艺学院以罐藏白肉桃品种'豫白'为母本、鲜食白肉桃品种'新红袍'为父本进行有性杂交选育出的白肉鲜食桃新品种。

1.主要性状、特性

1)植物学特性

叶片大,长椭圆披针形,绿色,叶缘粗锯齿,叶基楔形,叶脉交叉,叶柄腺体2~4个,圆形,较小。花蔷薇形,该品种花粉多,自花结实能力强。

2)生长结果特性

树势中庸,新梢长势较强,可抽生2~3次复梢,新梢平均生长量42.9 cm,花芽起始节位低,多为2~3节。幼树以长果枝结果为主,盛果期各类果枝均可结果。

3)果实经济性状

果实椭圆形,纵径5.8 cm、横径5.0 cm、侧径5.3 cm,平均单果重130 g,最大单果重205 g,果顶微突,缝合线浅。果面茸毛少,成熟时着少量粉红色晕,果皮底色乳白,厚度适中,充分成熟时皮可剥离;果肉白色,无红晕,近核处无红色晕,果肉软溶质,细嫩多汁,风味甜,香味浓,品质优;室温可储藏5~7 d;可溶性固形物含量13.0%,总糖含量8.8%,总酸含量0.45%,维生素C含量75 mg/100 g。半离核,核卵圆形。

4)物候期

在河南郑州地区,'玉美人'桃2月底叶芽萌动,3月下旬至4月上旬开花,花期5~7 d,果实6月15日可开始采收,6月25日完全成熟,果实生育期80 d左右。9月底枝条停止生长,11月上旬至11月中旬落叶,全年生育期240 d左右。

2.综合评价

早熟鲜食,果面茸毛稀少,完熟时外观品质极佳,多汁味甜,丰产性强。

3.栽培技术要点

在河南范围内桃适宜栽培区均适应性良好,属丰产品种。结实率很高,应注重疏花疏果,为确保果实品质,丰产期应注意增施有机肥,在4月底至5月初进行疏果,短果枝留1个果,中果枝留2~3个果,长果枝留4个果,盛果期产量应控制在每亩2 500 kg以内。果实发育后期注意防治桃小食心虫、桃蛀螟。

（七）丽春

'丽春'为北京市农林科学院植物保护环境保护研究所育成的早熟油桃品种,亲本为'瑞光3号'ד五月火'。

1.主要性状、特性

1)植物学性状

叶片卵圆披针形,叶基楔形,叶尖渐尖,叶缘钝锯齿状,叶腺圆形3~5个,叶色浓绿,基叶易黄化早落。叶柄长0.82 cm,叶宽4.6 cm,叶长20.2 cm。花蔷薇形,花瓣浅粉色,雌蕊高于雄蕊,花药紫红色,花粉量大。

2)生长结果特性

树势健壮、生长旺,树姿半开张,萌芽率、成枝力均高,易成花,花芽起始节位在2~3节,复花芽多。初结果树以中、长果枝结果,副梢结果力强,副梢生长快,萌发次数多。

3)果实经济性状

果实近圆形,果顶圆平微凹,缝合线浅,两半部对称,果形整齐。果面光滑无毛,底色乳白色,全面着鲜红色,有玫瑰红色斑条纹。果肉乳白色,软溶质,硬度中等,半粘核,有微香,风味甜至浓甜,可溶性固形物含量11%。平均单果重123 g,最大果重152.5 g。

4)物候期

在郑州地区3月中旬盛花,6月上旬果熟,果实发育期70 d左右,属于早熟。

2.综合评价

成熟期早,果个大,全面着鲜红色,外观十分艳丽;果实成熟后为软溶质,耐储运性稍差。

3.栽培技术要点

及时夏剪,以改善通风透光条件,基肥以有机肥为主,配合磷、钾肥,追肥需氮、磷、钾配合。疏果不宜过早,果实最佳采收期在果肉有弹性而未软熟前。

(八) 春艳

'春艳'由青岛市农业科学研究所用'仓方早生'×'早香玉'杂交培育而成。

1.主要性状、特性

1) 植物学性状

叶片卵圆披针形,叶基楔形,叶尖渐尖,叶缘钝锯齿状,蜜腺肾形,3~5个。平均叶柄长 0.73 cm,叶宽 4.13 cm,叶长 15.56 cm,叶色浓绿。花蔷薇形,雌蕊高于雄蕊或等高,花药橘红色,花粉量大,自花结实率高。

2) 生长结果特性

树势中庸,树姿稍开张,花芽起始节位低,平均节位为 3.3 节,且复花芽多。幼树期各类果枝均能结果,盛果期以长果枝结果为主。

3) 果实经济性状

果实圆形,果顶圆平或稍有突尖,缝合线浅而不明显,两半对称,果形整齐。果实底色为纯白色,极干净,着艳丽红色,果面可达全红;果肉白色,硬溶质,完熟后变为软溶质,口感好;可溶性固形物含量 11.2%~12%,味甜,有香气,完熟后果皮可剥离。硬核,粘核,完全成熟时半离核;无裂果和采前落果现象。平均果重 105 g,最大果重 142 g。

4) 物候期

在河南郑州地区 3 月中旬萌芽,3 月下旬至 4 月上旬开花,花期 7 d 左右,6 月上旬果实成熟,果实发育期 65 d 左右,11 月上、中旬落叶。

2.综合评价

成熟期早,果个较大,果面乳白色,仅果顶着粉红色,可谓白里透红。坐果过多时果个变小,风味稍淡。

3.栽培技术要点

大量疏果增大果个,控制产量,每亩产量在 1 500~2 000 kg,多施磷、钾肥,以改善果实风味。

(九) 特早红

'特早红'又名'超早红',是从'早红桃'中选出的极早熟枝变类型。

1.主要性状、特性

1)植物学性状

叶片卵圆披针形,叶基楔形,叶尖渐尖,叶缘钝锯齿形,蜜腺圆形,2~3个。平均叶宽 3.7~4.1 cm,平均叶长 16.6~18.4 cm。花为蔷薇形,花瓣 5 枚,粉红色,花粉量大,自花结实率高。

2)生长结果特性

幼树生长强健,结果后树势中庸,萌芽率高,成枝力强。幼树期以长果枝结果为主,盛果期以中、长果枝结果为主。幼树易成花,结果早。

3)果实经济性状

果实近圆形,果顶圆平微凹,缝合线浅且明显,果实两半部稍对称,果形整齐。果实底色绿黄色,果顶缝合线及向阳面着深玫瑰红晕。果面茸毛短且少,外观十分艳丽。果肉白色,质地细密,为硬溶质,汁中多,可溶性固形物含量11%左右,有香气,味甜,粘核。平均果重125 g,最大可达 175 g。果实成熟后可在树上挂 10 d 左右,不脱落,无采前落果和生理落果现象。

4)物候期

在郑州地区,3 月初花芽开始膨大,3 月下旬始花,5 月下旬果实成熟,果实发育期50 d 左右,属于极早熟品种。

2.综合评价

果实大小基本一致,着色好,果形正。自花结实、丰产、品质优,花粉量大,坐果率高。成熟期早、管理期短、经济效益高。

3.栽培技术要点

高密度栽培,细长主干形整形,株行距 1 m×3 m。结合果树施基肥,施肥后或干旱时灌水,果实成熟时切忌灌大水,以免降低品质。大雨过后及时排水。果实采后及时疏除密生枝和旺长枝,尤其是上部旺枝,改善通风透光条件。理想的树形是上大下小、上细下粗,呈锥形。严格疏果,一般每枝保留 5~6 个果。冬季修剪采用长枝修剪法,以疏为主,轻剪长放,对果枝一律不短截,2 年生枝原则上一律疏除。

(十)北农 2 号

'北农 2 号'由北京农业大学育成,为'岗山白'自然实生后代。

1.主要性状、特性

1)植物学性状

叶片卵圆披针形,叶基楔形,叶尖渐尖,叶缘钝锯齿状。平均叶柄长 0.97 cm,叶宽 3.15 cm,叶长 13.55 cm。花蔷薇形,花瓣 5 枚、粉红色,花药白色,无花粉。自然授粉坐果率高。

2)生长结果特性

树势中庸,树姿开张,萌芽率、成枝力均强,以中、长果枝结果为主。成花能力中等,以复花芽为主,花芽起始节位稍高。

3)果实经济性状

果实椭圆形,果皮底色乳黄色,着红色晕。果肉白色,肉质脆密,软溶质,耐储运,粘核,可溶性固形物 10%,汁液中多,味道甜酸爽口。平均果重 138 g。

4)物候期

在郑州地区 3 月下旬始花,6 月下旬果实成熟,果实发育期 88 d 左右,属于早熟。

2.综合评价

早熟,果个大,着色好,裂核多。

3.栽培技术要点

及时进行夏季修剪,促发早期副梢,应用生长控制剂控制后期副梢的萌发及生长。运用多种措施控制旺长,促进成花,无花粉,栽植时需配授粉树,花期进行人工辅助授粉,并喷微肥提高坐果率。秋季增施有机肥,果实生长中后期增施磷、钾肥或多元素叶面肥,每亩产量控制在 2 000 kg 左右,以保证果实品质。

(十一) 早凤王

'早凤王'于 1987 年从固安县实验林场由'早凤'桃芽变选育而成。

1.主要性状特性

1)植物学性状

叶片卵圆披针形,叶尖渐尖,叶基楔形,叶缘钝锯齿状,蜜腺肾形 2~4 个。叶柄长 1.24 cm,叶宽 4.41 cm,叶长 15.56 cm。花蔷薇形,花瓣 5 枚、粉红色,花药白色,无花粉,自然授粉坐果率低。

2)生长结果特性

树姿强健生长旺,树姿半开张。幼树以中、长果枝结果为主,一次副梢形成的果枝亦可结果,盛果期以中、短果枝结果为主。幼树成花能力差,结果树中等,花芽起始节位低,复花芽多。

3)果实经济性状

果实近圆形稍扁,果顶圆平微凹,缝合线浅,茸毛短且少。果皮底色白色,果面深粉红色,全部披条状或片状红霞,外观十分艳丽。果肉白色,近果皮略带红色,近核处白色,不溶质,果肉硬脆,汁中多,可溶性固形物含量 11.2%,风味甜酸适口。平均果重 312 g,最大果重 620 g。

4)物候期

在郑州地区 3 月下旬始花,6 月中旬果实成熟,果实发育期 75 d 左右。

2.综合评价

'早凤王'为果个大、着色艳,外观美,丰产、稳产,适应性强,耐储运的优良品种。

3.栽培技术要点

及时进行生长季修剪,促发 6 月以前的副梢,采取多种措施授粉,并喷多元素微肥,提高坐果率。多施有机肥和磷、钾肥,每亩产量控制在 1 500~2 000 kg,以提高果实品质。

(十二)中桃紫玉

'中桃紫玉'是以'金凤'[('白凤'×'五月火')第 10 株×'曙光']×'01-4-111'('曙光'×'天津水蜜')杂交选育获得的全红型早熟桃品种。该品种果实圆形,两半部对称,果顶平,梗洼较深,缝合线浅,成熟状态一致;果实较大,平均单果重 180 g,最大果重 200 g 以上;果皮茸毛短,底色乳白,果面全红,可采成熟期鲜红色,充分成熟紫红色;果肉红色素多,表现为红色,近核处红色素少;肉质硬溶质;汁液中等,纤维中等;果实风味甜,可溶性固形物含量 12%;粘核。该品种树势健壮,长、中、短枝均能结果,产量高,盛果期树每亩产量在 2 500 kg 以上,丰产性能良好。在河南郑州地区,3 月下旬开花,果实 6 月 10~18

日成熟,果实生育期 75 d 左右。落叶终止期 11 月 10 日,生育期 260 d。需冷量 750~800 h,适宜在长江以北地区种植。

(十三)中油桃 10 号

'中油桃 10 号'是以'油桃优系 6-20'('京玉'בNJN 76')为母本、'曙光'为父本,通过有性杂交和胚培养育成的早熟优质油桃品种。果实大小中等,平均单果重 106 g,最大果重可超过 179 g;果形近圆形,果顶平,微凹;两侧对称,缝合线浅而不明显;梗洼浅,中宽;果皮底色浅绿白色,果面呈片状或条状着色,充分成熟时可全面着色,为紫玫瑰红色;果皮光滑无毛,中厚,难剥离;果肉肉质致密,为半不溶质,乳白色;汁液中等,pH 为 5.0,纤维中少,味浓甜,有果香;可溶性固形物含量 10%~14%,总糖含量 9.67%,总酸含量 0.46%,维生素 C 含量 8.90 mg/100 g,品质优;核长椭圆形,中等大小,较硬,褐色程度中等,核面纹点间纹沟,无裂核,核面平滑,粘核。

(十四)中油桃 13 号

'中油桃 13 号'是中国农业科学院郑州果树研究所培育的早熟油桃新品种,由'94-1-47'×'中油桃 4 号'杂交选育而成。果实扁圆或近圆形,果顶圆平,缝合线浅,两侧较对称。平均单果重 210~270 g,最大果重 470 g 以上。果皮底色乳白,80%以上果面着玫瑰红色,鲜艳美观。果肉白色,较硬,纤维中等,完熟后柔软多汁;可溶性固形物含量 13%~15%,风味浓甜,有香气,品质优。在郑州地区果实 6 月 20 日成熟,果实发育期 83 d 左右。树势中等偏旺,树姿半开张,萌芽率与成枝力均较强。花芽分化好,各类果枝均能结果,以中、长果枝结果为主。花蔷薇形(中型蔷薇花),花粉多,自花结实率高,极丰产。'中油桃 13 号'果实发育后期应注意控水,不施氮肥,追施磷、钾肥;适当早采,注意病虫害防治,控制树势。该品种成花性能好,坐果率高,但应注意合理负载量,一般短果枝留 1 个果或不留,中果枝留 2 个果,长果枝留 3~4 个果。该品种需冷量少,丰产,果实大,不易裂果。

(十五)中农金辉

'中农金辉'是中国农业科学院郑州果树研究所以'瑞光 2 号'作母本、'阿姆肯'作父本杂交育成的早熟油桃新品种。果实椭圆形,单果重 173 g,最大单果重 252 g;果皮底色黄色,80%果面着鲜红色晕;果皮不能剥离,粘核;果肉橙黄色,硬溶质;纤维中等,汁液多;有香味,风味甜,可溶性固形物含量 12%~14%。花铃形。在河南省郑州地区,果实 6 月中旬成熟,果实发育期 80 d 左右;需冷量 650~700 h,适宜露地和保护地栽培。

该品种成熟早,果实大,外观漂亮,肉质硬,风味甜,口感好,品质优良,耐储运,丰产、稳产,是我国露地和设施栽培的主要油桃栽培品种,在各地均有广泛种植。

(十六)双丰

'双丰'由北京农林科学院林果所育成,亲本为'早香玉'×'大久保'。叶片椭圆披针形。花蔷薇形,粉红色,雌雄蕊等高,有花粉。树势中等,树姿半开张,以中、长果枝结果为主,易成花,花芽起始节位低,复花芽多。果实圆形,平均果重 120 g;果顶圆,缝合线浅,两侧较对称,果实整齐;果皮底色黄绿,阳面着点状红晕,茸毛中多;果肉乳白色,软溶质,纤维少,汁中多,有香气、味甜,粘核,可溶性固形物含量 10%;果熟后肉质变软,不耐储运。在郑州地区 3 月上旬花芽开始膨大,3 月下旬盛花,6 月上旬果熟,果实发育 67 d 左右,属于早熟品种。

(十七)大果甜

'大果甜'是河南农业大学培育的优质早熟鲜食桃品种,是'大久保'与'豫白'的杂交后代。果实发育期 85 d 左右,在郑州地区果实于 6 月底 7 月初成熟。该品种树姿开张,长势中庸,中、长果枝结果,复花芽多,有花粉,高产、稳产。平均果重 165 g,最大果重 260 g。果实圆形,果皮底色绿白到黄白,果顶及缝合线两侧着鲜红到紫红色晕;皮薄易剥离;离核,果肉水白,肉质软溶,汁液多,食味浓甜,微有香气,可溶性固形物含量 13%。花期抗低温的能力强。

二、中熟品种

(一)松森

'松森'桃属日本桃,由浙江省农业科学院引入,从'白凤'芽变中选育而来。

1.主要性状、特性

1)植物学特性

新梢绿色,枝条节间长22~26 cm,叶片椭圆披针形,叶基楔形,叶尖渐尖,叶缘钝锯齿,叶腺肾形,3~4个。叶片长16.4 cm、宽3.9 cm。花蔷薇形,花药橘红色,花粉可育。

2)生长结果特性

树势中庸,树形开张。果枝较粗壮,以中、长结果枝结果为主。成花能力中等,花芽节位低,复花芽多。

3)果实经济性状

果实圆形,果顶圆平微凹,缝合线明显,两侧较对称,果形整齐。平均单果重120 g,最大果重400 g以上。果皮底色绿白,着红晕,茸毛短细。果肉白色,汁多,肉质细密,硬溶质,味甜酸可口,可溶性固形物含量13%,粘核。

4)物候期

在郑州地区3月下旬始花,6月底7月初成熟,果实发育期93 d左右,属中熟品种。

2.综合评价

果实圆形,果顶平,风味品质优;肉质硬,耐储运,无采前落果现象;丰产性强。

3.栽培技术要点

施肥以基肥+复合肥为主,除花期外,整个生长期可向叶片喷施3~4次磷酸二氢钾。'松森'桃适应性强,耐瘠薄,抗干旱,对土壤酸碱性要求不严。但是忌土质过黏重和土壤积水。对病虫害有一定的抗性,与其他品种比较,对缩叶病、炭疽病抗性较强,易管理。易成花,丰产性好。

(二)大久保

'大久保'桃来源于1920年日本冈山县赤盘郡熊山町大久保重五郎在白桃园中偶然发现的实生中熟水蜜桃品种。1934年引入我国,为原产日本的鲜食桃品种。

1.主要性状、特性

1)植物学特性

花形为蔷薇形单瓣,花瓣粉红,花药橘红色,花粉可育;叶腺肾形,一年生枝阳面为红褐色,中果枝和长果枝起始节位较低。

2)生长结果特性

树势中庸,树姿极开张,以长果枝结果为主,复花芽多,有花粉,花粉量多,自花结实率高,丰产。

3)果实经济性状

平均果重159 g,最大果重260 g。果实圆形,果皮底色黄白,阳面着红晕,果皮易剥离。离核,果肉乳白有红晕,肉质硬溶,偏软,果汁多,食味甜,品质上等,可溶性固形物含量12%。

4)物候期

3月中下旬萌芽,3月底始花,7月20日果实成熟,果实发育期108 d左右,在河南省中部地区果实于7月中下旬成熟。

2.综合评价

果实大,外观美,离核,肉质硬,耐储运;丰产、稳产,在北方地区有广泛的适应性,是我国近几十年的主栽品种。

3.栽培技术要点

早施基肥,施肥时期8月底至9月底,施肥比例确定为果实与有机肥比例为1∶2,即每亩施肥量为4 000 kg。若考虑丰产优质,多采用V字形栽培,树体结构保持永久性主枝2个,各伸向行间,主枝角度50°~60°,适宜的株行距为2 m×4 m、1 m×5 m、2 m×5 m、3 m×5 m。为保证果实品质,推荐进行套袋栽培,套袋前喷1次800~1 000倍的40%多菌灵,摘袋时间宜在采收前20 d进行。

(三)豫白

'豫白'是由河南农业大学于1978年育成的白肉加工和鲜食兼用品种,由'脆白'×'撒花红蟠桃'杂交育成。

1.主要性状、特性

1)植物学性状

叶片大,披针形,长20 cm、宽4.5 cm,腺体肾形,1~5个;花蔷薇形,粉红色,花粉多。

2)生长结果特性

幼树长势旺盛,以中、长果枝结果为主;5~6年以后,树势趋于缓和,转向以中、短果枝结果为主;萌芽率高,成枝力强。树势强健,树形较直立,以中、短果枝结果为主。单花芽多,有花粉,花粉量多,自花结实率高,丰产。

3)果实经济性状

平均果重150 g,最大果重375 g。果实圆形,呈乳白色,果皮不易剥离,缝合线浅而明显,两侧果肉基本对称。果肉纯白,肉质细致,不溶质,有韧性,汁水较少,风味浓甜,香气浓,粘核,鲜食、加工品质属上等。可溶性固形物含量10%~15%。

4)物候期

在河南中部地区,花期3月底至4月初,果实发育期100 d左右,在河南中部地区果实于7月中旬成熟;全年生育期为240 d,需冷量700 h左右。

2.综合评价

1979年获轻工业部重大科技成果奖、河南省科学大会重大科技成果奖。果个大,着色好,硬度高,耐储运性好,是罐藏和鲜食兼用品种。

3.栽培技术要点

'豫白'树冠紧凑,树性直立,适于密植。对土壤有广泛的适应性,在土、肥、水条件较差的立地条件下,植株长势中庸;对气候条件有一定的要求,如在四川、云南等西南地区,由于冬季气温较高,满足不了'豫白'发育过程中对低温条件的需求,次春落蕾多,结果少;引种到辽宁、吉林等东北地区的,则因不耐当地冬季严寒而致死。几乎不受桃树常见病害的感染,唯蚜虫的发生较多。

(四)中桃5号

'中桃5号'的亲本为'朝晖'ב双佛'。是由中国农业科学院郑州果树研究所育成的全红、优质桃新品种。

1.主要性状、特性

1）植物学性状

叶片长椭圆披针形,花蔷薇形,花瓣 5 枚,粉色,花粉多。

2）生长结果特性

树势强健,树形较直立,中、短果枝结果为主。单花芽多,有花粉,花粉量多,自花结实率高,丰产。

3）果实经济性状

果实表面茸毛中等,底色浅绿白,成熟时多数果面着红色。果实圆而端正,果顶凹入,果皮底色白,缝合线浅而明显,两半部对称。成熟度一致,成熟后整个果面着鲜红色,十分美观。果形大,单果重 195～246 g。果肉白色,肉质细,汁液中多,近核处红色素中等,风味浓甜。果肉脆,成熟后不易变软。可溶性固形物含量 12.6%～13.9%,品质优良。粘核。

4）物候期

果实发育期约 105 d,7 月中旬成熟。

2.综合评价

硬肉,外观极美,品质优,是目前综合性状最好的中熟品种之一,可生产优质高档果。需冷量 660 h,适合南方地区栽培,花粉多,自交结实,极丰产,可大面积发展。生产上应注意疏果,加强肥水管理,防治虫害。

3.栽培技术要点

在淮河以北及山区干旱瘠薄地区,建议采用行距 2.5～3.0 m（主干形）或 4 m（Y 字形）、株距 1.2～1.5 m；在淮河以南及平原肥水充足地区,建议采用行距 4～5 m（多主枝 Y 字形）、株距 1.5～2.0 m。定植沟（穴）要求宽、深均为 80 cm,将原土与适量秸秆、粪肥等混匀后回填,浇透水后等土壤沉实再挖小穴定植。注意加强肥水管理和整形修剪,每亩产量控制在 2 500～3 000 kg。4 月底至 5 月初,大、小果分明时进行疏果,疏除畸形果、病虫果和多余果。病虫害多发地区建议套袋栽培,选用内黑或红的双层果袋。采前 3～5 d 摘袋可促进果实转色。早期注意防治蚜虫、红蜘蛛,果实发育后期注意防治桃小食心虫、桃蛀螟等。

（五）中华红蜜

'中华红蜜'是陕西省蒲城县从'北京8号'中发现的芽变。

1.主要性状、特性

1）植物学特性

叶片披针形，叶基楔形，叶尖渐尖，叶缘钝锯齿状，蜜腺肾形3~4个。叶片长13.4 cm、宽2.3 cm，叶柄长0.9 cm。花蔷薇形，花瓣5枚，粉红色，花药橘红色，有花粉，量大。

2）生长结果特性

树势中庸，树姿稍开张，萌芽率、成枝力均高，所有结果枝均能结果，幼树以中、长果枝结果为主，成龄树以中、短果枝结果为主。易成花，花芽起始节位低，复花芽多。硬核期落果严重，果实有采前落果现象。

3）果实经济性状

果实近圆形，果顶微凹，缝合线深且明显，两侧较对称，果形整齐。果皮底色黄绿白，果实2/3着玫瑰红晕，茸毛短且少，外观美丽。果肉乳白色，近核处红色，质地细，完熟后半溶质，纤维少、汁多，可溶性固形物含量15.6%，味甜，离核。果肉从果顶及缝合线处先成熟。平均果重220 g，最大果重400 g。

4）物候期

在郑州地区3月下旬始花，7月上旬果实成熟，果实发育期110 d，属中熟品种。

2.综合评价

果大、色艳、味香甜、离核；无花粉，生理落果严重，有采前落果现象，果实成熟期不一致。

3.栽培技术要点

疏果定果要在硬核期结束后进行，郑州地区在5月底6月初进行，每亩产量控制在2 000~2 250 kg。

（六）豫红

'豫红'是由河南农业大学育成的鲜食品种，亲本为无名甜桃的自然实生。该品种树势旺盛，树姿半开张，以中、长果枝结果为主，复花芽多,花粉多,自花结实率高,丰产,平均果重 180 g,最大果重 400 g。果实圆形,顶端微突,整个果实略呈心脏形,即民间所说的"仙桃"或"寿桃"形,果皮底色黄白到粉白,果顶及缝合线两侧着红色到鲜红色晕或宽条纹,果皮易剥离。离核,果肉底色雪白,着色粉红到鲜红,果肉软溶质,果汁中等,稍带香味,品质上等,可溶性固形物含量 15%以上。果实发育期 105 d 左右,在河南省中部地区果实于 7 月中旬成熟。

(七)豫香

'豫香'是由河南农业大学育成的鲜食桃品种。该品种树势中庸,树姿开张,以中、长果枝结果为主,有花粉,花粉量多,自花结实力强,丰产。平均果重 220 g,最大果重 362 g。果实长圆形,果皮底色黄白,果顶及缝合线两侧、向阳处着鲜红到紫红色晕或宽条纹,果皮易剥离,粘核。果肉白色,肉质硬溶,汁液多,食味浓甜,并有香气,品质极上,六成熟即脆甜可食,因此可提早上市。果肉稍韧,耐储藏、运输性较强,抵抗早春不良气候的能力强。可溶性固形物含量 10%~14%。果实发育期 105 d 左右,在郑州地区果实于 7 月 20 日左右成熟。

(八)丰黄

'丰黄'是由大连市农业科学研究所培育的黄肉罐藏加工品种,'早生黄金'自然实生。该品种树势强健,生长旺盛,树姿开张,以中、长果枝结果为主,复花芽多,有花粉,自花结实率高,丰产。平均果重 128 g,最大果重 157 g。果实短椭圆形,果皮底色金黄,阳面有红晕,果皮不易剥离,粘核。果肉金黄,不溶质,有韧性,汁水中多,味甜酸,有香气。果实耐储藏运输,红色果皮,果肉暗红色是其罐藏加工时的缺陷,应于果实着色前套袋,减少果实红晕,提高罐藏品质。可溶性固形物含量 12%~15%。果实发育期 100 d 左右,在河南省中部地区果实于 7 月中旬成熟。

(九)瑞蟠 17 号

'瑞蟠 17 号'是由北京市农林科学院林业果树研究所选育而成的中熟白肉蟠桃品种,是以'幻想'为母本、'瑞蟠 2 号'为父本杂交选育而成的。该品种树势中庸,树冠较大,花芽形成较好,复花芽多,花芽起始节位为 1~2 节。各类果枝均能结果,以长、中果枝结果为主。自然坐果率高,丰产。叶长椭圆披针形,叶面微向内凹,叶尖微向外卷,叶基楔形近直角;绿色;叶缘为钝锯齿;蜜腺肾形,多为2~3个。花蔷薇形,粉红色,花粉多,萼筒内壁绿黄色,雌蕊与雄蕊等高或略低。在北京地区一般3月下旬萌芽,4月中旬盛花,花期1周左右。4月下旬展叶,5月上旬抽梢,7月底果实成熟,果实发育期107 d左右。10月中下旬大量落叶,年生育期210 d左右。平均单果重127 g,最大果重145 g。果实扁平形,果形圆整,果个均匀;果顶凹入,不裂顶;缝合线浅,梗洼浅而广,果皮底色为黄白色,果面近全面着玫瑰红—紫红色晕,茸毛中等。果皮中等厚,易剥离。果肉黄白色,皮下少红丝,近核处无红丝。肉质为硬溶质,汁液多,纤维少,风味甜。核较小,果核浅褐色,扁平形,半离核。

(十)瑞蟠22号

'瑞蟠22号'是'幻想'ב瑞蟠4号'杂交育成的中熟蟠桃新品种。该品种果实发育期为112 d。果实扁平形,白肉,硬溶质,味甜,粘核。树势中庸,树姿半开张。一年生枝阳面红褐色,背面绿色。叶长椭圆披针形,叶面微向内凹,叶基楔形近直角;叶绿色,叶缘为钝锯齿,蜜腺肾形,2~3个。花为蔷薇形,粉色;花药浅黄色,无花粉;萼筒内壁绿黄色,雌蕊与雄蕊等高或略低。果实扁平形,大小均匀,纵径4.31 cm,横径8.45 cm,侧径8.74 cm,平均单果重182 g,最大单果重283 g。果顶凹入,不裂或微裂,缝合线中等深度,梗洼浅而广。果皮底色黄白,果面近全面着紫红色晕,不能剥离,茸毛中等厚。果肉黄白色,皮下无红丝,近核处红色素少;硬溶质,汁液较多,纤维细而少,风味甜,有淡香味,较硬,含可溶性固形物13%。果核较小,粘核。在北京地区3月下旬萌芽,4月中旬开花,8月上旬果实成熟,比'瑞蟠4号'早约22 d,果实发育期112 d左右。花芽形成较好,复花芽多,花芽起始节位低。各类果枝均能结果,幼树以长、中果枝结果为主,自然坐果率高。丰产性强,抗寒力较强,无特殊敏感性逆境伤害和病虫害。

(十一)湖景蜜露

'湖景蜜露'是江苏省无锡市桃农邵阿盘在'基康'桃园中发现的中熟桃品种。果实圆形,平均单果重160 g,最大果重291 g。果顶圆平略凹入,缝合线浅,两半部对称,果形整齐。果皮乳黄色,果面大部分着红晕,皮易剥离,茸毛中等。果肉白色,肉质柔软,组织致密,纤维少,汁液多;风味浓甜,有香气;粘核。可溶性固形物含量 13.7%,可溶性糖含量 9.9%,可滴定酸含量 0.32%,每 100 g 中维生素含量 8.94 mg。树体中等偏强,树姿半开张。枝条分布均匀,各种果枝均能结果,丰产稳产。花芽起始节位低,复花芽多。叶片椭圆披针形,蜜腺肾形,花蔷薇形,有花粉。果实生育期 113 d,在江苏无锡地区 7 月中旬果实成熟。

(十二) 京玉

‘京玉’是由北京市农林科学院林业果树研究所杂交育成的中熟桃品种,母本为‘大久保’,父本为‘兴津油桃’。果实椭圆形,平均单果重 195.5 g,最大果重 233 g。果顶圆微凸,缝合线浅,两半部较对称。果皮底色浅黄绿色,阳面少量深红色条纹或晕,皮不易剥离,茸毛少。果肉白色,肉质松脆,缝合线处带红色,近核处红色。完熟后为粉质,纤维少,汁液少,风味甜;离核。可溶性固形物含量 9.5%,可溶性糖含量 7.8%,可滴定酸含量 0.50%,每 100 g 中维生素含量 5.81 mg。树势较强,树姿半开张;以中、长果枝结果为主,丰产性良好。花芽起始节位低,复花芽多,抗寒力强,生理落果少。叶片圆披针形,蜜腺肾形,花蔷薇形,有花粉,量多。果实生育期 115 d,在北京地区 8 月上旬果实成熟。

(十三) 霞晖 6 号

‘霞晖 6 号’是由江苏省农业科学院园艺研究所杂交育成的中熟桃品种,母本为‘朝晖’,父本为‘雨花露’。果实圆形,平均单果重 211 g,最大果重 373 g。果顶圆微凹,缝合线浅,梗洼中等,两半部较对称。果皮底色乳黄色,果面 80% 以上着玫瑰红霞,茸毛中等,果皮中厚,较易剥离。果肉乳白色,肉质细腻,为硬溶质,纤维中等,汁液中多;风味甜,有香气;粘核。可溶性固形物含量 12.3%,可溶性糖含量 9.34%,可滴定酸含量 0.21%,每 100 g 中维生素 C 含量 6.50 mg。树体健壮,树姿半开张;各种果枝结果性能良好,花芽起始节位第 2~3 节,以复花芽为主。叶片长椭圆披针形,蜜腺肾形,花蔷薇形,有花粉,量多。果实生育期 108 d,在南京地区 7 月中旬果实成熟。

(十四)瑞光 18 号

'瑞光 18 号'是由北京市农林科学院林业果树研究所育成的中熟桃品种,父本为'丽格兰特',母本为'81-25-15'('京玉'בNJN76'后代)。果实短椭圆形,平均单果重 210 g,最大果重 260 g。果顶圆,缝合线浅,两侧对称,果形整齐。果皮底色黄色,无茸毛,果面近全面着紫红色晕,不易剥离。果肉黄色,肉质细韧,为硬溶质;味甜;粘核。可溶性固形物含量 10.0%。树势强,坐果率高,极丰产。叶片长椭圆披针形,蜜腺肾形,花蔷薇形,花粉多。果实生育期 104 d,在北京地区 7 月底果实成熟。

三、晚熟品种

(一)燕红

'燕红'别名'绿化 9 号',是由北京东北义果园育成的鲜食桃品种。

1.主要性状、特性

1)植物学性状

叶片披针形,颜色绿,叶腺肾形;花蔷薇形,花粉红色,花药橘红色,花粉可育。

2)生长结果特性

该品种树势中庸,树姿开张,复花芽多,有花粉,花粉量多,丰产。幼树期各类果枝均能结果,盛果期以长果枝结果为主。

3)果实经济性状

平均果重 172 g,最大果重 300 g。果实圆形,果皮底色绿白,近全面着暗红或深红色晕,果皮厚,完全成熟后易剥离。粘核,果肉乳白色,果肉硬溶质,味甜,稍香,可溶性固形物含量 13%,个别年份有裂果现象。

4)物候期

果实发育期 132 d 左右,在郑州地区果实于 8 月上中旬成熟。

2.综合评价

果皮底色发红,着紫红色,着色艳丽,风味浓甜,果实质量良好,是我国北方重要的栽培品种;有裂果。

3.栽培技术要点

栽植后第二年,每株可结果 10 kg 左右;不仅结果早,而且产量也相当高和稳。3 年后进入高产期,每株产量 30~50 kg。基肥可在果实采收后立即施入,结果树每年追肥 2~3 次。夏剪分 3 次进行,分别为 5 月上旬(抹芽)、6 月上旬(摘心)和 7 月中旬至 8 月上旬(摘心和疏枝)。'燕红'花量大,坐果率高,应及时进行疏花疏果。

(二)秋蜜红

'秋蜜红'是由河南农业大学园艺学院以日本品种'大久保'为母本,以'罐桃 5 号'的芽变品系'秋黄'为父本杂交选育而成的。2013 年通过国家林业局林木品种审定委员会审定。

1.主要性状、特性

1)植物学性状

叶片宽披针形,颜色绿,叶缘钝锯齿,缺刻深浅中等,叶基部楔形,先端渐尖。花芽起始节位为 2~3 节,单、复花芽之比为 1∶(3~4),以复花芽为主。花铃形,小花型,雌蕊高于雄蕊,雌蕊外露,花粉多。

2)生长结果特性

植株长势较强,树姿半开张,萌芽率和成枝力均高,极易形成花芽,新梢绿色,一年可抽生 2~3 次副梢,幼树期各类果枝均能结果,盛果期以长果枝结果为主。

3)果实经济性状

果实圆形,缝合线深浅和宽窄均为中等,两侧果肉对称,成熟度一致。果实大,平均单果重 336 g,最大果重 438 g。果面茸毛稀少,果皮底色黄白,成熟时 85%果面着鲜红到紫红色晕,光照条件好时全果着鲜红色,外观艳丽,为晚熟桃品种中所少见。果皮厚,充分成熟时可剥离。果肉水白色,初熟果实脆甜,充分成熟时柔软多汁,浓甜,香味浓郁,品质极佳;可溶性固形物 16.3%~20.3%,总糖含量 13.6%~14.3%,总酸含量0.26%~0.28%,维生素 C 含量 0.163 mg/100 g;果肉为偏韧硬溶质,粘核,去皮果肉硬度 0.9 kg/cm² 左右。果实较耐储藏,室温下可储藏 7 d,5 ℃条件下储放 22 d 的果实可溶性固形物含量 14.9%~

20.30%,总糖含量11.7%~13.2%,维生素C含量0.112 mg/100 g。

4）物候期

在郑州地区2月底叶芽萌动,3月下旬至4月初开花,花期5~7 d。果实8月中旬着色,9月上中旬成熟,果实发育期155 d。11月上旬开始落叶,11月中旬完全落叶,全年发育期240 d左右。

2.综合评价

果实大,着色艳丽,风味浓甜,耐储运,市场前景良好。

3.栽培技术要点

在河南桃适宜栽培区均适应性良好,无论平原、丘陵、山地,在肥力中等的土壤条件下均能够表现出该品系的生长结果特性。早期丰产栽培,可采用主干形整形。重视夏季修剪,控制树势,冬剪宜轻。丰产期注意增施有机肥,果实采收前15 d以内不宜浇水。严格疏花疏果,果实发育后期注意防治桃小食心虫、桃蛀螟。推荐进行套袋栽培,可减少病虫危害,增加果面光洁度,减少农药污染,提高果实的商品性。套袋应在5月中旬进行,采收前7~10 d去袋,以保证果实着色。目前,已在河南、山东、陕西等省推广栽培。

（三）秋甜

'秋甜'是河南农业大学园艺学院以'秋黄'为母本、'搬口白'为父本进行杂交选育而成的晚熟鲜食桃新品种。

1.主要性状、特性

1）植物学形状

新梢绿色,叶片大,宽披针形,叶缘钝锯齿,缺刻深浅中等,叶基部楔形,先端渐尖。叶柄具腺体2~3个,腺体肾形。花芽起始节位多为2~3节;以复花芽为主,优质芽多着生在1年生枝的中下部。花蔷薇形,大花型,花粉多,自花授粉能力强。

2）生长结果特性

植株长势中庸,树姿开张,萌发率和成枝力均为中等,1年可抽生2~3次副梢,新梢平均生长量45.3 cm。'秋甜'进入丰产期早,芽苗和速成苗定植当年就可成花,2年见果,3年亩产量1 000 kg,5年生树亩产量超过2 500 kg。幼树以长果枝结果为主,盛果期各类果枝均可结果。

3）果实经济性状

果实圆形，平均果重240 g，最大果重255 g。果顶微突，缝合线深浅和宽窄均为中等，两侧果肉对称，梗洼狭深，椭圆形。果面茸毛稀少，果皮底色黄白，成熟时85%果面着鲜红到紫红色晕，光照条件好时全果着鲜红色，果皮厚，充分成熟时皮可剥离；果肉水白色，核周围有放射状紫色红晕；果肉细腻，硬溶质，可溶性固形物含量15.3%～16.3%，可溶性糖含量11.6%～13.3%，可滴定酸含量0.26%～0.28%，粘核，无裂果现象。

4）物候期

在郑州地区，3月底至4月初开花，花期5～7 d。果实8月中下旬成熟。果实发育期135 d左右。11月上旬开始落叶，11月中旬完全落叶，进入休眠。全年生育期240 d左右。

2.综合评价

果实着色早，上市期长，丰产，风味浓甜，香气浓郁，耐储运。上市时间晚，可弥补8月中下旬河南市场没有鲜食桃上市的市场空缺，具有良好的市场和推广前景。花芽的抗寒能力强，对病虫害抗性比一般晚熟品种都强。

3.栽培技术要点

'秋甜'属丰产品种，进入丰产期后应注意增施基肥，以有机肥为主，配合磷钾肥。'秋甜'树势偏旺，树姿半开张，要重视夏季修剪，及时剪除内膛旺枝、过密枝，控制树势，改善通风透光条件；冬剪宜轻。疏果应在4月底至5月初进行，盛果期每亩产量应控制在2 500 kg以内。推荐进行套袋栽培，可减少病虫危害，增加果面光洁度，减少农药污染，提高果实的商品性。套袋应在5月中旬进行，采收前7～10 d去袋，以保证果实着色。

（四）秋硕

'秋硕'是以日本品种'大久保'为母本、河北满城地方品种'雪桃'为父本杂交育成的晚熟鲜食桃新品种。

1.主要性状、特性

1)植物学性状

叶片宽披针形,绿色,叶缘钝锯齿,缺刻深浅中等,叶基部楔形,先端渐尖。花芽起始节位较低,多为 1~2 节,以复花芽为主;花蔷薇形,大花型,花粉少。

2)生长结果特性

植株长势中庸,树姿半开张。萌发率和成枝力均为中等,一年可抽生 2~3 次副梢,幼树期各类果枝均能结果,盛果期以长果枝结果为主。

3)果实经济性状

果实近圆形,果顶圆平,缝合线浅,两半部较对称,成熟度一致,梗洼狭深中等。果面茸毛稀少,果皮底色黄白,成熟时 85% 果面着鲜红到紫红色晕,光照条件好时全果着鲜红色,果皮厚;果肉水白色;核椭圆形,离核,有裂核现象。果实大,平均单果重 350 g,最大果重 450 g。可溶性固形物含量 16% 左右,总糖含量 13.2%,总酸含量 0.26%,风味浓甜,香味浓郁,品质极佳。果肉硬溶质,去皮果肉硬度 0.93 kg/cm^2 左右。果实耐储藏,室温可储藏 7 d。

4)物候期

在郑州地区 2 月底叶芽萌动,3 月下旬至 4 月初开花,花期 5~7 d,果实 7 月中旬着色,8 月上旬成熟,果实发育期 125 d 左右,9 月底枝条停止生长,11 月上旬开始落叶,11 月中旬完全落叶,全年生育期 240 d 左右。

2.综合评价

风味好,品质佳,香气浓郁,耐储运;晚熟品种,花粉量少,注意配置授粉树。

3.栽培技术要点

在河南桃栽培区适应性良好,土壤肥力中等的条件下能够表现出该品种的生长结果特性。为防止果实品质降低,保证果实的储藏能力,采收前 15 d 以内不宜浇水。花粉量少,要注意配置授粉树。推荐套袋栽培(5 月下旬),套袋前 2~3 d 全园喷施 1 次杀虫杀菌剂。果实发育后期注意防治桃小食心虫、桃蛀螟等害虫。

(五)北京晚蜜

'北京晚蜜'是北京市农林科学院林业果树研究所 1987 年在桃杂种圃内发现的杂种后代变异株。

1.主要性状、特性

1)植物学特性

叶片长椭圆披针形,叶基楔形,叶尖渐尖,叶缘钝锯齿状,叶色浓绿。花蔷薇形,花瓣 5 枚,粉红色,花药橘红色,花粉量大,自花结实率高。

2)生长结果特性

树势强健,树冠较开张,萌芽率、成枝力均强,以中、长果枝结果为主。花量大,自花结实。

3)果实经济性状

果实近圆形,果顶微凹,缝合线浅而明显,两侧较对称,果形整齐。果实底色淡绿至黄白色,50%以上果面着玫瑰红晕。果肉白色,近核部位红色,肉质硬溶质,完熟后柔软,汁液多,有淡香,可溶性固形物含量 12%~15%,味甜,粘核。平均单果重 250 g,最大果重 420 g。

4)物候期

在郑州地区 3 月下旬为盛花期,9 月上中旬果实成熟,果实发育期 180 d 左右,为极晚熟品种。

2.综合评价

果个大,风味香甜,色泽艳丽,品质佳;耐储运,雨后基本不裂果,抗性强。

3.栽培技术要点

生育期长,以保果为主,合理疏果,实行套袋栽培,以减轻病虫害。每亩产量控制在 2 500~3 000 kg。增施有机肥,分次追施磷钾肥,提高果实风味。冬剪选留果枝不宜过粗,及时夏剪和化控,防树势过旺,减轻生理落果,推荐进行果实套袋栽培。

(六)八月香

'八月香'是由河南农业大学育成的鲜食品种。果实发育期 130 d 左右,在郑州地区果实于 8 月 20 日左右成熟。

该品种植株长势中庸,树姿半开张,以中、长果枝结果为主,复花芽多,有花粉,自花结实率高,丰产。平均果重 189 g,最大果重 280 g。果实近圆形,果皮底色黄白,向阳处着鲜红到紫红色晕,果皮可剥离。粘核,果肉水白色,硬溶质,汁水多,风味甜、香气浓,七成熟即可采收上市,品质上乘。果实耐储藏运输,抗逆性、适应性强,可溶性固形物含量15%左右。

(七)寒露蜜

'寒露蜜'是原产于山东省青岛市崂山区李村镇河马石村的地方品种。果实发育期 135 d 左右,在河南省中部地区果实于 9 月上旬至 9 月底陆续成熟。花蔷薇形,粉红色,花药橘红色,花粉可育;树姿半开张,树势强健。平均果重 150 g,最大果重 225 g。果实圆形,果皮底色绿白,向阳处着暗紫红晕。粘核,果肉硬溶质,偏韧,汁水中多,食味甜,抗逆性强,可溶性固形物含量13%以上。

晚熟,果实大,近核处紫红色,综合性状良好。

(八)中华寿桃

'中华寿桃'是原产于山东省栖霞市观里镇古村桃园的地方品种。果实发育期 182 d 左右,在郑州地区果实于 10 月上中旬成熟。

该品种生长势强,树姿直立,以短果枝结果为主,有花粉,自花结实能力强,早期丰产性好。平均果重 350 g,最大果重 975 g。果实卵圆形,顶端微凸出,果皮底色绿白,着红晕。粘核,果肉乳白,硬溶质,耐储运,风味甜,可溶性固形物含量14%。

该品种极晚熟,果实很大,肉质硬;冬季抗寒性差;不耐低温储藏,易发生果肉褐变现象,果实易裂果,需套袋栽培;是优良的晚熟桃品种资源,在北方各地均有种植。

(九)满城雪桃

'满城雪桃'是河北省满城县农家鲜食品种。果实发育期 210 d 左右,在河南省中部地区果实于 11 月上旬成熟。

该品种树势中庸,树姿较直立,单花芽多,以中、短果枝结果为主。平均果重 500 g,最大果重 750 g。果实近圆形,顶端突出成尖状,为典型的北方"仙桃形"品种。果皮底色绿白,向阳面有微细的红色沙点或轻微的粉红色晕,果皮薄,不易剥离。粘核,果肉白色,不溶质,硬度高,汁水少,味甜或稍带香味,品质上等,可溶性固形物含量 15% ~ 23%。耐储藏,常温下可放 1 个月左右。对初冬和早春气温急剧变化的抵抗力较差。

(十)红雪桃

'红雪桃'是由河南省浚县冬桃果树研究所选育而成的晚熟鲜食桃品种,母本为'满城雪桃',父本为'冬桃'。果实中等大小,平均单果重 140 g,圆形;果皮底色红色,着紫红色晕;果肉白色,硬溶质,风味甜,离核。可溶性固形物含量 16%。花蔷薇形,花粉可育。始花期 4 月初,果实成熟期为 10 月中旬。

极晚熟,果实中等大小,风味浓甜。

(十一)花玉露

'花玉露'是浙江省奉化林业局从后琅乡袁岙村'玉露'桃园中偶然发现的一株鲜食和观赏兼用的晚熟桃品种。果实圆形,平均单果重 142 g,最大果重 302 g;果顶圆平微凹,缝合线浅,两半部对称,果实整齐;果皮乳黄色,着玫瑰红晕,茸毛细密,皮韧性较强,易剥离。果肉乳白色,近核处红色,柔软多汁,纤维少;风味甜,香气浓郁;粘核。可溶性固形物含量 15% ~ 16%,可溶性糖含量 10.22%,可滴定酸含量 0.22%,每 100 g 中维生素 C 含量 5.70 mg。树势强健,树姿半开张,树冠较大;果枝较粗壮,各类果枝均能结果,结果性能中等,花芽起始节位为第 2 ~ 3 节,复花芽多。叶宽披针形,蜜腺肾形或圆形,花蔷薇形,特大,有花粉。果实生育期约 132 d,在奉化地区果实 8 月上中旬成熟。

(十二)锦绣

'锦绣'是由上海市农业科学院园艺研究所育成的晚熟黄肉桃品种,母本为'白花水蜜',父本为'云署 1 号'。果实圆形或椭圆形,平均单果重 180 g,最大果重 275 g;果顶圆平,缝合线浅而明显,两半部较对称;果皮金黄色,套袋果实很少着色,茸毛中等,皮较厚,熟果可剥离。果肉金黄色,近核处微红,肉质厚,较致密,成熟后柔软多汁,纤维中等,为硬溶质;风味甜微酸,香气浓;粘核。可溶性固形物含量 11% ~ 13%,成熟果可达 16% ~ 17.5%,可溶性糖含量 10.8%,可滴定酸含量 0.32%,

每 100 g 中维生素 C 含量 4.97 mg。树势中等偏强,树姿半开张;花芽起始节位低,为第 2 节,复花芽多,丰产性好。叶片宽披针形,蜜腺肾形,花蔷薇形,有花粉,量多。该品种开花迟,不易受晚霜和早春低温危害,果实生育期约 133 d,在上海地区果实 8 月中下旬成熟。

(十三)晚蜜

'晚蜜'是由北京市农林科学院林业果树研究所育成的极晚熟桃品种,自然实生后代。果实近圆形,平均单果重 230 g,最大果重 420 g;果顶圆,缝合线浅,两半部对称;果皮底色淡绿色,完熟时黄白色,果面 1/2 以上着深红色晕,皮厚,不易剥离。果肉白色,近核处微红,硬溶质,汁液中等,风味甜;粘核。可溶性固形物含量 14.5%,可溶性糖含量 8.51%,可滴定酸含量 0.29%,每 100 g 中维生素 C 含量 11.98 mg。树体强健,树姿半开张;各种果枝均能结果,丰产性强,花芽起始节位第 1~2 节。叶片长椭圆披针形,花蔷薇形,有花粉,量多。果实生育期 165 d,在北京地区果实 9 月底成熟。

(十四)秦王

'秦王'是由西北农林科技大学育成的晚熟桃品种,'大久保'自然实生后代。果实圆形,平均单果重 205 g,最大果重 650 g;果顶圆,两半部稍不对称;果皮底色白色,阳面呈玫瑰色晕或不明晰条纹,果皮难以剥离。果肉乳白色,近核处微红,硬溶质,肉质细,纤维少,汁液较少,风味酸甜适中;粘核。可溶性固形物含量 12.8%,可溶性糖含量 10.46%,可滴定酸含量 0.22%,每 100 g 中维生素 C 含量 2.82 mg。树体旺盛,树姿半开张;萌芽率、成枝力均强,各种果枝均能结果,花芽起始节位低,复花芽多,早果,丰产性好。叶片宽披针形,花蔷薇形,有花粉,量多。果实生育期 125~130 d,在陕西关中地区 8 月中旬成熟。

(十五)瑞蟠 20 号

'瑞蟠 20 号'是由北京市农林科学院林业果树研究所育成的晚熟桃品种,母本为'幻想',父本为'瑞蟠 2 号'。果实扁平,平均单果重 146 g,最大果重 160 g;果形圆整,果个均匀;果顶凹入,不裂顶;缝合线浅,梗洼浅而广,果皮底色为黄白色,阳果面 1/2~3/4,着紫红色晕,茸毛中等;果皮中等厚,易剥离。果肉黄白色,皮下无红丝,近核处少量红色,肉质为硬溶质,纤维少,多汁,风味甜;粘核。可溶性固形物含量15.7%。树势强健,复花芽多,花芽起始节位为第1~2节;各种果枝均能结果,以长、中果枝结果为主,丰产性强,树体和花芽抗寒力均较强。叶片椭圆披针形,蜜腺肾形,花蔷薇形,花粉多。果实生育期145 d左右,在北京地区9月上旬果实成熟。

第三章　桃树育苗

第一节　砧木的选用

桃能否早结果、早丰产,在一定程度上取决于苗木的质量。在桃实际生产中,桃栽培苗木都为嫁接苗,选择合适的砧木则显得尤为重要。可用作培育桃苗的砧木有很多,如毛桃、山桃、扁桃、李、杏、毛樱桃、寿星桃、欧李、沙樱桃、榆叶梅等,且各具优缺点。其中,毛桃和山桃在我国应用范围较广。

一、毛桃

毛桃根系发达,须根多,耐盐碱、耐瘠薄、耐湿力强,适应性、生长势、耐寒力均较强,但耐涝力较差;抗病虫能力强;与桃的嫁接亲和力强,成活率高,结果较早。毛桃是桃树育苗的最佳砧木之一,适于我国南方的温暖多湿气候。在黏重和通透性差的土壤上易罹流胶病。每千克约有种子 320 粒,出苗率约为 70%。

二、山桃

山桃抗旱、抗寒、耐瘠薄、较抗盐碱,适于高寒山地生长;与品种桃嫁接亲和力强;但不耐湿,在低洼地、黏土地、排水不良或地下水位很高的地方栽种,易发生根瘤病、茎腐病和黄叶病。山桃作砧木的桃树株型较小,但结果较早、较多,能使果实形状变小,红晕加深,降低原有品种果实的质量。山桃种核大小悬殊,一般每千克约有种子 750 粒,出苗率为 80%。

三、GF677

GF677 是法国用扁桃和桃进行杂交选育而成的桃无性系砧木（脱毒试管苗），营养繁殖。根系发达，长势健壮。与桃栽培品种嫁接亲和力强，早结、丰产、稳产。在新植和重茬碱性土壤的桃园中，嫁接的栽培品种，其植株表现生长势强、抗黄化、耐重茬、耐旱等特性，优于毛桃砧木。

四、GF305

GF305 是法国 1945 年从 Montreuil 当地古老品种中选育出来的砧木品种。树体健壮，个体间差异小，耐碱性土壤。

五、宝石

宝石是法国 1960 年从美国引进种子，从其自花授粉后代中选育出来的矮化砧木品种。用该品种作为砧木具有较好的矮化效果，结果早、丰产性好，但耐湿性较差。

六、黑格玛

黑格玛是法国 1960 年从日本引进种子的实生苗中选育出来的砧木品种。树势健壮，个体间差异小，抗线虫，但耐湿性、耐碱性较差。

七、西伯利亚 C

西伯利亚 C 是加拿大从我国北部收集的毛桃实生苗中选育出来的矮化砧木品种。用其作砧木嫁接的桃树树体矮化，结果早，但株间差异较大。

八、筑波 4 号、5 号

筑波 4 号、5 号是日本用红叶和寿星桃杂交育成的红叶砧木品种。用其作砧木嫁接的桃树结果早、丰产、抗线虫。

九、GF65-2

GF65-2 是从法国 St. Julliend'Orlean 李品种的自然实生苗中选育而成的,扦插繁殖。用其嫁接的桃树树体矮化、结果早、品质好,但要求土壤肥沃。

十、GS57

GS57 由法国用桃和扁桃杂交育成,扦插繁殖。用其作砧木嫁接的桃树生长势强、抗线虫,但耐湿性差。

另外,用栽培品种的种子播种培育成的砧木,叫共砧,又叫本砧。共砧一般不宜在生产上使用。其原因在于,早熟品种的种子出苗率较差,且砧木不整齐;而中、晚熟品种桃的种子大而饱满,所以播种出苗率较高,砧木苗比较整齐、粗壮,但其根系较野生砧木发育差,对土壤的适应能力差,容易发生根部病害;结果后,树势容易衰弱,结果年限和树的寿命也相应缩短。

第二节 砧木苗的培育

由于桃无性快繁技术尚不成熟,桃砧木苗多为播种实生苗,因此获得健壮且整齐一致的砧木苗是桃树育苗中最为关键的一步。少数砧木类型可通过扦插进行营养繁殖。

一、砧木种子的收集和沙藏

为保证栽培品种性状稳定,砧木种子要求品种纯正、类型一致。另外,用于采种植株应长势旺、无病虫害侵扰,以保证砧木种子饱满、健壮。果实充分成熟后采集,去除果肉并清洗,然后在通风背阴处阴干。

采收后的桃砧木种子处于休眠状态,需要吸收一定水分且在低温、通气、湿润条件下经过一定时间沙藏处理,才能正常发芽。因此,在播种前合理地沙藏是整齐出苗的关键。毛桃种子壳很厚,透水透气性差,种仁的后熟期长,冬性较强,沙藏前需将砧木种子浸水 7 d 左右,然后进行 120 d 左右的沙藏。沙藏的温度在 5～10 ℃ 较为合适,湿度为 40%～50%,沙藏的地点应选在背阴、通风、不易积水的地方。先挖沙藏沟,沟深 60～100 cm、宽 80～100 cm,长度随种子的多少而定。沙的湿度应以"手握成团,一触即散"为宜。沟底先铺一层湿沙,然后种子和湿沙按 1∶5 的比例拌匀,铺入沙藏沟,最上层覆盖 20 cm 厚的湿沙,再盖 20 cm 厚的土,使土高出地面,以防积水。

如果因某种原因使毛桃的种子没有按时沙藏,可在 1 月 10 日以前浸泡结束,将沙藏沟挖在向阳处,沟深 35～40 cm、宽 50 cm。先铺湿沙厚 10 cm,再将种子和湿沙按 1∶5 的比例混合后放入,上面覆盖湿沙厚 10 cm,其上覆盖地膜,上面再扎上小拱棚,地膜上摆放温度计。使地膜上的温度保持在 0～7 ℃,高于 7 ℃时把小拱棚打开放风。这种方法可使毛桃种子按时发芽,并保持较高的发芽率。

二、苗圃地的选择

由于桃砧木苗耐涝力差,苗圃地应选择在地势平坦、排水良好的地块上。同时,可施入一定农家肥,以确保土壤肥力。地块选择最忌重茬,因为连续育苗,常会有病虫害发生,例如根癌病。此外,黏性重的土壤苗木侧根不发达,质量也不好。

三、播种

播种桃树砧木种子可于每年的秋季(约 11 月上旬)或春季(2 月下旬到 3 月上旬)进行。播种前,需整地做畦,畦宽 1.2 m 左右。畦内采用宽窄行播种,每畦种 4 行,窄行行距 20～25 cm,宽行行距 45～50 cm,此法便于嫁接操作并有利于通风透光。用点播法播种,种子之间的距离为 5 cm,种子覆盖 5 cm 厚的土,每亩播种量一般毛桃为 40～50 kg,山毛桃为 20～25 kg。

四、砧木苗的管理

种子播种后 7～10 d,幼苗即可出土。若开春温度较低,则出苗时间较长。育苗过程中,应关注墒情变化。在北方干旱地区,应及时灌水保墒。在南方地区,春季雨水较多,应注意及时排水。根据土壤肥力,适时进行追肥。为繁育优质砧木苗,可于嫁接前 20 d 左右进行砧木摘心,促进苗木粗度。当苗木粗度达到 0.6~0.8 cm 时,可进行嫁接。

五、接穗的采集与保存

接穗的状态是关系到嫁接苗成活率高低的重要因素之一,因此在挑选并保存接穗上要特别注意。根据预先选定的品种,应选择树势强、无病、生长和结果良好的成龄树作为采穗母树,初果期幼树不宜选作母树。同时,应采集树冠外围且生长充实、腋芽饱满、无病虫害的当年生发育枝和长果枝作为接穗。

接穗的采集时期:在生长期采集接穗时,应立即剪去叶片,以减少水分流失。同时,应留下叶柄,便于芽接时的操作及嫁接苗的成活率统计。由于生命活动旺盛,生长期接穗,一般不宜久放,应随采随用。如果在当天接不完,应放在室内潮湿、阴凉的地方,接穗下端埋于湿沙中或浸入 3 cm 左右深的水中,上端覆盖湿毛巾进行存放。有条件的可将接穗放入温度较低的地方保存,如冷库(4 ℃左右)、深井中等。盛夏高温期间从外地引进桃树接穗,要采用保湿储藏运输技术。实践证明,采用此技术经过 6~7 d 长途运输,接穗到达目的地后仍能保持新鲜状态,嫁接成活率高达 75%。

用于春季嫁接的接穗,可在头年冬季修剪时采集,按品种打成捆,挂好注明品种的标签,埋于湿沙中,保持适当湿度,注意保温防冻;也可将枝条两端用接蜡封闭,放冰箱内保存。休眠期在外地采集接穗,可用接蜡封闭两端,挂上注明品种的标签,用湿纸、湿布、湿麻袋等包好,再用塑料袋封闭运输。

如果秋季采集接穗,则选择健壮结果树上无病虫的成熟枝条,花芽形态明显。带有花芽的接芽成活率高,品种不易退化,翌年春季发芽率高,整齐一致。采集、包裹同上。枝条较为成熟,用不完时可放在地窖内用湿沙埋半截,一般可以保存 5~7 d,注意湿度不要太高。浸水时间较长时可将下部剪去一小段,以利吸水,保持离皮状态。

接穗的采集:采集粗壮、腋芽发育饱满的当年生成熟枝条,剪除叶片和枝条上部的幼嫩部分,保留 1 cm 左右的叶柄,接穗留 30~40 cm 长,按 30~50 枝捆成捆(不能捆得太紧,以免损伤腋芽),并挂牌标记,注明品种。然后,将已捆好的接穗用湿毛巾包裹严紧,外面用塑料薄膜包装,但接穗两端不宜封口。

在运输途中要注意检查,发现问题,及时处理。夜晚应取出接穗,用清水冲洗后,将下端浸入水中,水深 3 cm 左右,并且毛巾和塑料薄膜也要冲洗干净,第二天再用上述方法包好。到达目的地后,用清水冲洗接穗,放在冷凉的地方,用湿沙或湿布覆盖,并尽快用于嫁接。

六、嫁接方法

桃树嫁接的方法有芽接法、枝接法和根接法,其中,应用最为广泛的是芽接法和枝接法。嫁接时期为从早春树液流动至树体休眠,在生长期多应用芽接法,休眠期多应用枝接法。

(一)芽接

芽接就是将一个饱满的芽接到砧木上,待其成活后剪砧发芽。芽接是桃嫁接中应用最广泛的方法。芽接多在形成层细胞分裂旺盛时进行,此时容易愈合成活。因我国北方冬季气候寒冷,冬季桃易受冻和抽条,芽接多于夏季到早秋进行,成活后第二年萌发生长。

1.芽接优缺点

1)优点

(1)操作简便,嫁接速度快,工效高,嫁接时期长,愈合容易,成活率高。一年生砧木苗即可嫁接,成苗快,接芽不成活时还能补接,节省接穗材料,繁殖率高,一个芽就能繁殖一株树。

(2)嫁接工具简单,只需要一把小刀和一条绑绳。

(3)能充分利用砧木,既可嫁接大枝,也可嫁接幼小纤细的砧木,只要能容得下一个芽就可以,而且对砧木的损伤较小,可以同时接多个芽。一次嫁接不活还可以很快补接。适宜嫁接的时间比较长,几乎全年都可以进行芽接。

2)缺点

（1）不利于品种优良性状的保持，多代使用易使品种退化。

（2）芽接后的苗木容易旺长，结果较晚。芽接育苗一般需要2年成苗，速成苗质量也比较差。

2.芽接常用的方法

芽接常用的方法有T字形芽接法、带木质部芽接法和方形贴皮芽接法三种。T字形芽接，在夏、秋季皮层能够剥离时都可进行；带木质部芽接，不必剥离皮层，春、夏、秋季皆可进行。

1）T字形芽接法

削芽片：芽片一般宽0.5~0.6 cm，芽片的上部为总长的2/5，下部为3/5。削芽片时，先在接穗芽的上方0.3~0.4 cm处横切1刀，深度为切断韧皮部即可，而后在芽下方1 cm处，用芽接刀由浅至深向上推至横切处，削下盾形芽片。

T字形切口：在砧木距地面10~20 cm的光滑处，在砧木向北一面，横切皮层1.2~1.5 cm的横口，在横切口中间下方垂直向下划1 cm的刀口，翘起砧木切口皮层。

插入芽片：将芽片插入上切口，并保证芽片上切口与砧木横切口对齐，用塑料条包扎严紧，注意要把叶柄留在外面。

检测成活率：芽接后7~10 d检查成活率，如果叶柄自行脱落或用手一触就脱落，芽片皮色鲜绿，就是成活了；如果叶柄凋萎不落，芽片干枯，变黑褐色，表明没有成活。

2）带木质部芽接法

削芽片：与T字形芽接法相比，此处为反削芽片。先在接穗芽上方的1 cm处向下斜削，由浅至深，然后在芽下方0.7 cm处向内偏下斜切，达第一刀处为止，取下芽片。

砧木切口：在砧木距地面10~20 cm的光滑处，从上向下斜削，方法与削接穗完全相同，砧木削口内面大小和形状应与接芽切口内面尽量一致。不同之处是切下的切片可以稍小于接芽片。

插入芽片：把接芽夹于砧木横切后的残留部分之内，使之形成层对齐,最后包紧。

3)方形贴皮芽接法

削芽片:芽片一般宽 0.6~0.8 cm。削芽片时,先在接穗芽的上方 0.3~0.4 cm 处横切 1 刀,深度为切断韧皮部即可,同理在芽下方 0.5 cm 处同样做横切,用芽接刀削下方形芽片。

砧木切口:在砧木距地面 10~20 cm 的光滑处,用同样的方法在砧木的光滑部位切下一块表皮。

插入芽片:将芽片贴附在方形皮层缺口上,用塑料条包扎严紧,注意要把叶柄留在外面。

(二)枝接

枝接就是把带有 1 个芽或几个芽的枝段嫁接到砧木上,一般是在落叶后至第二年将萌芽时进行。桃树上枝接多用在春季,用休眠硬枝为接穗,生产上常用于低接与高接换头。依接穗的木质化程度分为硬枝嫁接和嫩枝嫁接。硬枝嫁接是用处于休眠期的完全木质化的发育枝为接穗,于砧木树液流动期至旺盛生长期前进行嫁接;嫩枝嫁接是以生长期中尚未木质化或半木质化的枝条为接穗,在生长期进行嫁接。枝接时期通常分为春、秋两季,春季嫁接于树液开始流动、芽尚未萌发时进行,直至砧木展叶。

1.枝接优缺点

1)优点

(1)保持接穗品种的优良品质,不易退化。

(2)嫁接时,将砧木上部除去,使根系吸收的水分、养分等集中供接穗生长,所以嫁接苗的生长旺盛,成形也较快。

(3)春季枝接繁殖苗木成活率高,当年可成苗且苗木质量好。

(4)用带有花芽的接穗改接大树,加上一些特殊管理,当年就可开花结果,在引种观察上可以快速鉴定品种,在温室栽培中可当年见效。

2)缺点

(1)枝接的操作较为复杂。

(2)接穗不易成活,成活率易受环境、人为操作影响。

桃树枝接方法很多,如插皮接、劈接、切接、腹接等,不同地区的习惯不一致,不同砧木、不同时期接法也不尽相同。桃树上常用的枝接方法有切接、腹接两种。

2.枝接的常用方法

1)切接

切接是介于插皮接和劈接之间的一种枝接方法。

削接穗:在接穗底芽下方 2 cm 处斜切,切出的斜面长 3~5 cm。而后在斜面的背面削 1 cm 长的斜面,成一楔形,接穗上保留 3~4 个芽,余下的芽剪除。

切砧木:在离地面 3~5 cm 处截断砧木,削平截口。而后从截面在皮层内略带木质部处垂直向下切 3~4 cm。

插接穗:将接穗的长斜面朝内、短斜坡朝外插入接穗。确保接穗的形成层和砧木切口的形成层对准并靠紧。如果接穗较砧木细,则必须有一边形成层对准。最后用塑料薄膜缠绑固定。

2)腹接

腹接多用于生长季节的枝接,是接在砧木中部的一种接法,所以又叫腰接。适用于茎粗 1.5~2 cm 的砧木。接穗的一个侧面削成深入木质部的倾斜面,长 2~3 cm;另一侧削成稍短的斜切面,斜面一面稍厚,一面稍薄。用刀在砧木的腹部斜切一刀,深 2~3 cm,将接穗长切面靠里插入,两者形成层对准,最后用塑料薄膜带包好。成活后待新梢半木质化时,在接穗上方剪除砧木的上部。这种方法操作简便,成活率高,生产上应用广泛,适于幼树、大树的改劣换优。

3)插皮接

插皮接又叫皮下接,是春季枝接中容易掌握、嫁接速度快、成活率高的一种方法。一般砧木直径在 1.5 cm 以上都可采用这种方法。要求砧木开始萌动,一般在萌芽至开花之间为好,此时韧皮部与木质部容易脱离,且接穗还不能出芽。嫁接方法如下。

断砧:一般在砧木距地面 5~10 cm 处,高接则根据需要进行。选光滑、无侧枝、无疤位置,将砧木横向垂直面锯断或剪断,用刀削一下使切面光滑。

削接穗:从枝条上剪取中部的枝。每段中上部有 3 个饱满芽,长度 5~10 cm,尽量不用弯曲的接穗,有条件时最好用蜡封接穗。削接穗的方法比较多,但对桃树来讲效果差不多,以简单为好。在接穗下段 3 cm 处均匀斜向下削成切面,不要削成瓦心状,要平直,削掉部分要超过直径的一半。切口底端背面再削成 0.2~0.5 cm 长的一个小切口,便于插入和愈合。

插接穗:先在砧木切面下韧皮部用刀竖刻一个 2~3 cm 长的切口,刻透韧皮部即可。削好的接穗大切面朝砧木的木质部方向,沿切口推入,接穗大切面上段可露出韧皮部分约 0.2 cm。用塑料条将接口周围扎好。

接穗保湿:一般春季比较干燥,为防止愈合前接穗抽干,应为接穗保湿。保湿的办法有很多,有塑料条捆扎、塑料筒包扎、塑料筒加湿土或湿锯末、土埋、涂抹动物油等方法。

(三)根接

以根段为砧木的嫁接繁殖方法称为根接法。多采用劈接、切接或倒腹接等方法进行。一般在桃树育种中很少应用

七、苗木类型

目前生产上常用的桃树苗木主要有速成苗和芽苗两种,育苗时间为 2 年的成苗,在生产上已基本不用。

(一)速成苗

速成苗又叫当年生成苗或三当苗。它是当年播种、当年嫁接、当年出圃培育的成苗,育苗时要求提早在 2 月下旬播种结束,覆盖地膜并用土压紧四周,出苗时破土让幼苗长出。对砧木苗加强肥水管理,当砧木长到 25 cm 时摘心,促进幼苗加粗生长。于 5 月上旬对嫁接品种的外围健壮枝条提早摘心,促进接芽尽快充实饱满。在河南省 6 月上旬开始嫁接,中旬以前嫁接完毕。嫁接部位距地面 10~20 cm,保留接芽下部砧木上的叶片。嫁接成活后,剪砧(在接芽上部留 3~4 片叶,将砧木

剪去)或折砧,迫使接芽萌发,待接芽萌发长出新叶时,再将接芽上部砧木全部剪去。在整个幼苗生长的前期,每隔 15 d 喷 1 次0.2%~0.5%尿素或磷酸二氢钾溶液。到冬季出圃时,苗高 60~100 cm 以上。由于这种苗木实际上是 2 次枝,其上的腋芽饱满度不够,往往定植后,抽出的枝弱,因此应加强定植后的肥水管理。

(二)芽苗

桃树的砧木上只有一个品种桃接芽的苗木叫芽苗。芽苗是 8 月中旬至 9 月中旬嫁接,嫁接部位一般在地面以上 20 cm 处,当年不剪砧,接芽不萌发,成为带有芽片的苗木,定植后剪去砧木。由于芽苗上品种接芽饱满,第二年萌发后,芽条长势旺。芽苗体积小,便于运输,是目前生产上应用较多的一种苗木。

八、苗木出圃

(一)起苗

桃树苗木落叶后、土壤封冻前要进行起苗,若苗圃当时土壤干旱,应进行灌水,3~5 d 后再进行起苗。起苗时,要尽量避免伤根,对已有伤口的根要进行修剪,剪口要平滑,并根据苗木的高矮及根系发育状况进行分级。

(二)分级、包装

将同级苗木每 50~100 株绑成一捆,并挂上写有品种名称的标牌。需要向外运输的苗木,都应进行包装,保护好根系和芽,以免损伤或失水风干。打捆前根系要用稠泥浆浸蘸,然后用草袋、蒲包包裹根部。

(三)假植

暂时不需要外运和定植的苗木,可立即挖沟进行假植,并充分灌水,水分下渗后封土镇压,封土厚度至苗高的 2/3 处,保墒防冻。

九、优质苗木的标准

(一)优质速成苗的标准

苗高 80 cm 以上,接口处苗木粗度 0.8 cm,苗高 40~60 cm 处有 5~

7个生长健壮的饱满芽,接口和剪砧口愈合良好,无病虫害。有3~5条侧根,并且分布均匀、舒展,须根发育良好。

（二）优质芽苗的标准

（1）要求株型小,芽接处愈合良好,无裂口。

（2）接芽充实饱满、无损伤。

（3）有3~5条侧根,并且分布均匀、舒展,须根发育良好。

第四章 建 园

桃树是多年生经济作物,一经栽植就有十几年甚至20年以上的经济寿命。因此,建立一个新果园或改建一个老果园都必须对当地的自然条件、社会条件和环境条件进行细致调查,做好全面规划。

第一节 园地的选择

桃树建园必须根据当地的地形、气候、交通、土壤、水源等条件进行园地选择。桃在海拔400 m以下的地区,无论是平原、坡地、河滩、丘陵均可种植,在年平均气温12~17 ℃的地区都能够成功结出果实。但是发展桃树要本着"适地适树"的原则,首先要考虑桃树对环境条件的适宜性,要在适宜区发展。郑州果树研究所提出,桃进行经济栽培的适宜地带以冬季绝对低温不低于-25 ℃的地带为北线,以冬季平均气温低于7.2 ℃的天数在1个月以上的地带为南线。在此范围以北,冬季过于严寒,桃树不能安全越冬;在此范围以南,满足不了桃树对需冷量的要求而不能顺利通过休眠。海拔越高,气温越低,一般在海拔2 200 m以下桃树生长结果良好;2 300 m左右则生长不良,花芽分化能力差,2 400 m以上很少有桃树生长。

桃树原产于我国海拔高、光照长的西北地带,其根系呼吸强,好氧,耐旱怕涝,抗寒能力强,其枝叶要求较干燥的空气。因此,春夏潮湿、排水不良的地带不宜建桃园。在各类果树中,桃树最喜光,要避免在光照不良、空气停滞的地方栽植桃树。山地、坡地通风透光,排水良好,栽植桃树病害少,品质比平地桃园好。山地应选在南坡光照充足地段建园,但要注意坡度以不超过20°为宜,避免水土流失。平地以土层深厚、沙质壤土、水源和交通方便的地区建园为好,但一般平地通风、排水和秋季昼夜温差不如山地。另外,土壤酸碱度对果树生长影响很大,桃树生长最适宜的表层土壤酸碱度为 pH = 5 ~ 6,在 pH 大于 8 或小于 4 时生长不良。

第二节　果园的规划

规划时,要根据经济利用土地的原则,尽量提高桃树占地面积,控制非生产用地比例。果园规划一般包括小区规划、防护林规划、道路设计、排灌系统、其他设施占地(如农药肥料室、包装场)等。在进行园地规划建造时,各项规划占地比例一般为:果树栽植面积占园地面积的90%左右,防护林占5%左右,道路占3%,排灌系统占1%,其他设施占1%。具体如下。

一、小区规划

为减少园地水土流失和大风危害,便于栽培管理,应将大桃园适当划分为若干大区,每个大区再分为若干个小区。小区的划分应考虑区内小气候,以道路或自然地形为边界,使区内土壤条件、地势、光照等大体一致并便于运输。大区面积一般为100亩,小区面积可根据果园规模、地势情况决定,平地宜大,以25 ~ 30亩为好,山坡地宜小,以8 ~ 15亩为宜。小区形状一般采用长方形,长度与宽度之比一般为(2 ~ 5):1,长边取南北方向,以利于光照均匀。在风害严重地区,小区长边应与主风方向垂直;在山地,小区长边则必须与等高线平行,这样可减轻水土流失。

一、道路规划

桃园道路的设置应考虑在便于栽培管理、肥料输送、农药喷洒、果实采收和运送的前提下,尽量缩短距离,以减少用地。

大型果园要有主路、干路和支路。小区以主路、干路为界,小区内设支路,以便运输肥料、农药和果品。主路、干路相互连接,外边与公路接通。主路是产品、物资运输的主要道路,位置应适中,宽5 ~ 7 m,可作为大区之间的分界线。主路要求贯穿全园,能通过大型货车,便于运输产品和肥料。丘陵山地果园主路要修盘山道,其坡度应在10°以下。干路为农作机耕用道,宽3~4 m,常作为小区之间的分界线。干路要求能通过小型汽车和机耕农具车,山地建园时,干路可作为小区上下的分界线,顺坡支路为小区左右分界线。小区内支路宽1~2 m,主要作为人行、作业道,可通过小型喷雾器等。在山地,支路可以按等高线通过果树行间,顺坡支路应修建在分水线上,避免被雨水冲塌。

三、防护林规划

在风害大的地方建桃园,要在定植桃树前1~2年栽植防护林带。俗语有云"迎风李,背风桃",说的就是在迎风的地方不宜栽种桃树,大风严重影响坐果率。建立防护林不仅可以降低风速,防止桃树的机械损伤和减少落果;还可以减少果园水分蒸发,保持坡地水土,改善果园小气候。林带防护效果的好坏,以通过林带后某一距离内风速降低的效果来衡量。林带的防护范围,常以林带高度的倍数表示。林带类型不同,防风的效果不同。桃园常选用林冠上下均匀透风的疏透林带或上部林冠不透风下部透风的林带。若以降低风速25%为有效防护作用,防护林的防护范围,在迎风面为林带高度的5~10倍,背风面为林带高度的25~60倍。

防护林一般采用长方形,为了节省用地,通常将桃园的路、渠和林带相结合配置。防护林宽度、长度和高度,以及防护林带与主要有害风的偏角都影响防风效果和防风范围。为加强对主要有害风的防御,通常采用较宽的林带,称为主林带(4~8行,宽约20 m)。主林带与主要有害风垂直,垂直于主林带再设置较窄的副林带(2~4行,宽约10 m),以防护其他方向的风害。在主、副林带之间,可加设1~2条林带,也称折风线,进一步降低风速,加强防护效果,最终形成纵横交错的网络(林网)。主林带之间距离可按200~400 m配置,副林带之间距离可加大到400~800 m。林带的树种,常由高大乔木、亚乔木及灌木组成。乔木行距1.5~2.5 m、株距1~2 m;灌木行距1.5~2.5 m、株距0.5 m,可采用三角形栽植。在北方,乔木多为杨树(毛白杨、新疆杨、银白杨、箭杆杨)、楸树、榆树等;灌木有紫穗槐、沙枣、杞柳等。为防止林带遮阴和树根扎入桃园影响桃树生长,一般要求林带南面距桃树 10~15 m,北面距桃树 20~30 m,距离过小,桃树光照受影响。

四、排灌系统规划

果园排灌系统包括灌水和排水两部分。一般都是结合道路、防护林进行规划的,以免浪费土地和妨碍交通。地下水位高的地方应高畦栽植。畦中心高、两侧低,成鱼背状,以利排水。易积水的畦面,应开深沟,并在桃园四周开宽 0.8~1 m、深 1~1.5 m 的总排水沟。

目前,桃园多采用地表沟灌,沟灌果园一般有主渠和毛渠,主渠沿小区边缘设置,连接各个毛渠,毛渠直接通往果树行间。灌水渠道位置应略高于果园地,还要有一定比降。平地果园每 100 亩要有 1~2 口井,有河水的地方,可引河水进行灌溉。有条件的桃园也可建立喷灌和滴灌系统,以节约用水和改善桃园的微环境。山地果园要修梯田、垒蓄水池等进行保水和蓄水,这样既可防止水土流失,又可蓄水和顺坡灌溉。

果园排水,对于耐湿性较差的桃树尤其重要。特别是雨水多、地下水位高的沿海一带及南方桃园,这是不可缺少的一项工作。所以,桃园应设排水沟,排水沟分干沟和支沟,小区与小区之间设置支沟,支沟通向干沟。主排水沟的方向与果树行向一致。排水沟数量应视地下水位高低、雨量大小、果园积水程度等而定。地下水位不到 1 m 深的果园应每两行间有一排水沟或者进行起垄栽培。

五、配套设施建筑规划

大型果园中要求配置管理用房、储藏室、包装场、配药池、畜牧场及休息处等。管理用房和各种库房最好建在交通便利、接近水源处。平地包装场和配药池最好配置在果园中心、靠近主路地段,以利于果品采收集散和便于药液运输。山地药物准备场和粪池应该设在较高部位,而包装场、储藏室应设在较低的地方。

第三节 栽植密度和栽植方式的确定

一、栽培密度

对于桃园来说,合理的栽培密度是必要的。栽植密度过大,结果早、产量高,但树体寿命短。栽植密度过小,整体产量低,进入盛果期晚。确定合适的栽培密度,要注意桃树的生长特性,桃树的芽具有早熟性,1年分枝次数很多,树冠增长很快,加上它的喜光性很强,不能栽植过密,否则易导致枝叶郁闭,光照不良,会使树冠中、下部的结果枝大量枯死,产量很快下降,即使初期产量可以提高,但果实小、品质差,缺乏市场竞争力。为了提高产量,合理密植是必要的,但不提倡过度密植。

选择适宜的栽植密度不仅可以充分利用土地,而且有利于使丰产期提前和提高单位面积产量。桃树合理密植应依品种、砧木、土层厚薄、地势、管理水平的不同而有所不同。如品种生长势旺,土层深厚肥沃,在平地建园,则栽植的株行距宜大;相反,品种生长势偏弱,土壤瘠薄,在山地栽植,则可适当密植。另外,管理水平高的桃园,可适当密植。

(一)一般桃园的栽植密度

在土、肥、水条件较好的平原地区,采用三主枝自然开心形时,一般亩栽33~37株(株行距4 m×5 m或3 m×6 m);在土地瘠薄的丘陵、山地,可亩栽55~67株(株行距3 m×4 m或2 m×5 m)。

(二)高密桃园的栽植密度

如果进行高密度栽培,应利用矮化砧木或生长抑制剂多效唑进行控制,并选择适于密植的树形,采用主干形时,每亩可以栽植111~222株(株行距2 m×3 m或1 m×3 m)。

二、栽植方式

桃树的栽植方式与地势、土壤、机械化管理方式有关。选择栽植方式应以能最大限度地合理利用土地和空间为目的,具体栽植方式要根据气候、土壤、地势、品种特性、管理水平等确定。

(一)长方形栽植

长方形栽植是生产上广泛应用的一种良好的栽植方式,其特点是行距大于株距,通风透光好,便于幼树期间作和行间管理,尤其是机械化操作。桃树栽植多为南北行向。

(二)正方形栽植

正方形栽植方式是株行距相同,植株呈正方形排列。这种栽植方式不便于间作和管理,密植容易出现果园郁闭,成龄树行间采光条件差,但果园内光照分布均匀,通风透光较好,有利于树冠的发展,便于纵横交叉耕作。

(三)三角形栽植

三角形栽植方式是将桃树栽植在三角形的顶点上,各行交错栽植。这种栽植方式可以提高单位面积上的株数,但不便于管理,通风透光差。

(四)等高栽植

等高栽植适于山地果园,桃树沿等高线栽植,相邻两行不在同一水平面上,但行内距离保持相等,是山地和丘陵地上比较科学的一种栽植方式。等高栽植可以防止水土流失,减少土壤冲刷。

(五)宽行密株型栽植

宽行密株型栽植是长方形栽植的一种演变形式,适于密植栽培。一般行距宽 5~6 m,株距密至 1~3 m。其优点是密株不密行,解决了桃园的通风透光问题,并有利于果园管理和果园间作,是目前新果区种植桃树的一种较好的方式。

三、品种的选择

优良的品种是果树生产取得高产、高效的基础。栽植桃树,必须充分了解市场、掌握动向,合理安排品种,扬长避短,发挥优势。切不可不进行条件分析,别人种什么自己种什么,盲目跟从,造成不必要的经济损失。一般应注意以下几点。

（一）区域适应性

尽管桃树的适应性强，但具体到某一个地区的自然条件，品种间的适应性是不同的。在栽植时，必须因地制宜，按品种的生长结果习性、环境条件选择适宜的品种，做到适地适栽，发挥优良品种的特性，以产生最大的经济效益。

（二）销售目的

要结合目的选择品种：鲜食品种要求果型大，果肉为溶质，白色、乳白色或黄色，果面红色鲜艳，果形整齐，糖酸比高，风味浓而芳香，成熟度均匀；罐藏加工品种要求果实大小均匀，缝合线两侧对称，果肉厚，粘核，核圆，核小，不裂，核周不红或少红色，果肉以不溶质、金黄色为好，果肉褐变慢，具有芳香味，含酸量可比鲜食品种稍高；制干（脯）品种与罐藏桃大体相似，最好是离核，风味更甜。用于出口品种应选择个大、色艳、味美和耐储运的品种，如'中华寿桃''寒露蜜桃'等。

（三）市场需求

考虑市场的需求，应根据各地市场的需求情况选择品种，尤其要注意发展市场上缺少的高档品种。目前在我国桃生产中，以早熟桃为主，成熟期一般集中在5、6月，而中晚熟品种较少。此外，鲜食桃中以白肉桃居多，而黄肉桃较少。针对这种情况，比如在城市郊区可发展一些极早熟和极晚熟品种，以调节市场供应；一些采摘园可选择不同成熟期、果肉硬溶质、留树保鲜时间长的品种；在农村则应发展6月底到7月初成熟的品种，满足农民麦收后走亲访友时的市场需要；外销的桃果也需要考虑外销市场的需求时期和需求量。

（四）成熟期

桃一般不耐储运，鲜果采收后 3～5 d 得不到及时处理就要腐烂，因此不宜栽植成熟期集中的品种，以免因销售或加工不及时造成损失。生产上要注意早、中、晚熟品种配套（比例一般为4∶3∶3或3∶3∶4），做到连续不断地采收上市。另外，大棚栽培的品种，不管是油桃还是普通桃，都要选用需冷量少、果实发育期短的品种，才能获得较高的经济效益。目前,我国有从 56 ~ 58 d(如春蕾)至 220 d(如冬雷蜜)成熟的很多优良品种可供选择,但同一果园内的品种不宜过多,一般 3 ~ 4 个品种最好。

(五)授粉树的选择

绝大多数桃树品种能自花结实,因此建园时不需要配置授粉树。但有少部分品种无花粉或花粉少且发育不良,种植时,要为无花粉或少花粉的品种搭配授粉树。如'砂子早生''仓方早生''秋硕',必须配置 30% ~50% 的授粉树。授粉品种的花期要与接受花粉品种相遇,花粉量大,亲和力强,与主栽品种有同等的经济价值。如'大久保''燕红'等就是比较好的品种。授粉品种的比例可按 1:3 成行排列,或多品种成带状排列。

四、定植时期

春、秋两季均可栽植桃树。在南方,桃树定植多在秋季,秋季定植,有利于当年恢复挖苗时的根部伤口,待次年春季温度回升,桃树立即就进入正常生长状态,苗木成活率高。在北方,冬季气候干燥寒冷,影响幼树成活,一般秋天定植后还要进行培土防寒,所以桃树定植时期多选在土壤完全解冻到树木萌芽前的春季。春季栽植,定植后马上进入生长季节,有利于成活和生长。

五、栽植技术

果树的行向以南北向为好。这样受光时间长,树与树之间遮光最少。桃树的定植一般程序是开沟、施肥、浇水定植、覆膜。

(一)开沟

定植穴要求:长×宽×深为 100 cm×100 cm×100 cm。也可挖定植沟,定植沟沿行向开挖,宽、深各 1 m,开沟、挖坑时表土与心土要分开堆放,以便将表土掺肥回填。

(二)施肥

定植沟(穴)挖好后要施基肥,基肥多为有机肥,一般每株至少要50 kg以上。栽植时,先在地面放置20~30 cm农作物秸秆、杂草、树叶等有机物,每亩3 000~4 000 kg,分2~3层,每层厚10 cm左右。灌入人粪尿或撒入碳铵,促使有机物腐烂、分解、转化,层间填土5~8 cm。然后把准备好的人畜粪肥(每株50 kg)与一些心土按1∶1混合后填入沟(穴)内,上边再填表土至地面25 cm为止,不让肥料与根系直接接触,随填土随踩实,并对全部沟(穴)灌大水进行"洇坑",使土壤沉实。坑的中央可堆表土成馒头状,以备栽苗时使根系向四周舒展。

(三)浇水定植

定植前应将果苗按根系大小、侧根多少、苗木粗度、芽子饱满程度进行分级,同一级的苗木应栽在同一块或同一行内,以便于统一管理。经过假植或长途运输的苗木,栽植前,应将根系浸入水中半天到1 d,剪去受伤的根系和小枝。对劈伤的枝干和主侧根应予修整。

栽时使苗木根系舒展,和前后左右树对齐后,就用堆在旁边的混合好的肥土栽树,边堆土边稍稍往上提树苗,将根际的土踩实。栽完一行后,把剩余的心土打碎填到畦面上,浇透水。浇水后若苗下沉,可以将苗及时向上提起,要确保嫁接口距地面5 cm以上。

定植芽苗时要注意,成活的芽最好是复芽,砧木根系要发达。必须在立春前定植完毕,栽种时注意不能把接芽埋入土中,栽好后剪除接芽以上的砧木,剪口位置在接芽上方1 cm处。定植后要及时除萌,萌发1次除1次,要注意切勿将接芽误当毛桃萌蘖除去。当芽条20~30 cm高时,应靠近苗木立支柱,绑扶芽条;苗高60 cm左右时,摘心定干,促发分枝。在除萌过程中,若发现接芽死亡,可留一个生长最强的萌蘖作为新砧木培养,到夏季或秋季再行补接。

对于地下水位过高的桃园,以及排水通气不良、容易积涝的黏土地等可采用起垄栽培。方法是:定植前,根据栽植的行距起垄,将土壤与有机肥混匀后起垄,垄高30~40 cm、宽40~50 cm,起垄后将桃苗直接定植于高垄上,行间为垄沟,实行行间排水和灌水。起垄栽培的优点是利于排水,桃园通气性好,可防止积涝现象。

(四)覆膜

定植后可用地膜覆盖,这样对提高成活率有一定效果,但必须注意地膜不要紧靠小苗,以防地膜热气从根颈散出灼伤根颈。从栽苗后到次年春天,应及时检查成活率,发现死亡及时补栽,以保证园内苗情整齐、不缺株。

第五章 土肥水管理技术

根系通过不断地从土壤中吸收必需的水分和养分从而为桃树的生长发育和开花结果提供最基本的保障。良好的土壤结构、充足的肥水供应，是桃树生长发育、丰产优质的基本条件。所以，采取各种农业措施，适时地调节和补充土壤的肥水含量，持续地改进土壤的理化性状，是实现桃树早果、丰产、优质、高效栽培的基础。

第一节 土壤管理

土壤是桃树栽培的基础，肥和水是桃树生长发育的保证。桃是浅根性果树，吸收根众多，且大多数吸收根分布在地表下 20 ~ 40 cm。另外，桃树根系吸收作用旺盛，对土壤理化性状要求较高。因此，适宜的土壤管理就显得极为重要。桃树幼树期和成龄期土壤管理方式又有所差异，具体如下。

一、幼树期管理

（一）树盘管理

树盘管理多采用清耕法或者覆盖法。清耕是经常对桃园土壤进行中耕除草的措施，是常年保持土壤疏松且无杂草的一种桃园管理方法。清耕法的最大深度以不伤害大根为准，深度为 10 cm 左右。在生长季节内进行多次浅清耕，松土除草，能够增强土壤透气性。覆草泛指利用树叶、杂草、各种作物秸秆以及碎柴草等材料在桃园地面进行覆盖的一种桃园土壤管理方法，包括全园覆草、株间覆草、树盘覆草等多种方式。覆草可采用有机物或者薄膜覆盖树盘，有机物覆盖厚度一般在 10 cm 左右。沙滩地或者地下水位高的桃园在树盘培土，可以起到保墒和改良土壤结构的作用。

（二）桃园间作

桃树在未挂果前由于树冠小，行间空间较大，光照良好，所以可适当种植一些矮秆高效作物，以提高单位面积的经济效益，如：秋季种草莓，草莓茬后接种西瓜或甜瓜，也可间作豆类、甘薯、马铃薯、花生、芋等作物。但是要避免间作十字花科植物，以防病、虫传播。1年生桃树以树干为中心，1 m半径的范围内不要间作作物，以防止减弱桃树的生长。

优质桃园栽培原则上不实行间作，但宽行密植或稀植的幼龄桃园内留有一定的空地，为了充分利用土地和光能，可播种一些间作物来增加收入，但间作时应注意间作物的选择及间作期管理。

首先，可选用绿肥、花生、豆类、薯类、草莓等矮秆经济作物作为桃园间作物。蔓性作物（如黄瓜、丝瓜、苦瓜、豆角等）不宜作为桃园间作物，以防止藤蔓缠绕而影响桃树生长。高秆作物（如玉米、高粱等）由于生长速度快，植株高大，影响桃园内的通风、透光等条件，也不能作为间作物。蔬菜尤其是秋季蔬菜需要大量肥水而秋季桃树需要控水，两者之间的肥水管理矛盾不易协调，因此也不适合与桃树间作。

其次，间作期管理需要注意空出树盘，无论在桃园内间作哪种作物，都必须留出树盘，以防止间作物的生长而影响桃树树形的形成。同时要增施肥料，避免间作物和桃树争夺养分，并且间作年限以不影响桃树生长为原则。

（三）种植绿肥

种植绿肥是在桃园种植各种绿色植物作为有机肥的一种土壤管理方式，同时也是一种良好的间作方式，对幼龄果园和成龄果园均可适用。生产实践证明，桃园因地制宜合理种植和利用绿肥，对于防风固沙、保持水土、培肥土壤、提高树体营养水平、促进丰产、改善品质，以及降低生产成本等，均有良好作用。有研究表明，种植绿肥明显提高土壤有机质、氮、磷等养分含量，增加果实可溶性固形物含量，果实品质得到明显改善。桃园绿肥通过及时压青、集中掩埋或覆盖等措施施入果园，能有效增加土壤有机质，促进微生物活动，改良土壤结构和理化性质，增加土壤的通气、保水、保肥能力，可使桃树根系发达，枝叶旺盛，高产优质。实践中主要应选择适应性广、抗逆性强、速生高产、耐割耐践踏、再生力强的绿肥品种。适宜我国南方种植的绿肥种类主要有印度豇豆、竹豆、苕子、苜蓿、蚕豆等；适宜我国北方种植的绿肥种类主要有毛叶苕子、苜蓿、田菁、沙打旺、小冠花等。

二、成龄桃树土壤管理

幼龄期已结合深施有机肥改良土壤，使大量有机肥和表土进入深层土壤。进入结果期以后就不要过多破坏浅层根系，以免影响桃的开花、结果和果实着色。因此，成龄期桃树土壤管理和幼龄期有所不同。主要管理方法如下。

（一）桃园中耕除草

中耕除草又称清耕法，就是经常对桃园土壤进行中耕除草，常年保持土壤疏松无杂草的一种桃园土壤管理方法，适于平地成龄树桃园。中耕除草可以切断土壤毛细管，使土壤疏松通气，防止板结，保持土壤湿度，是抗旱保墒的好办法。中耕除草由于使土壤和空气直接接触，所以春季可以提高地温，使桃树早发芽。中耕除草，在一定时间内可控制杂草的生长，减少杂草对土壤养分和水分的消耗。中耕除草的桃园，一般能保持较好的产量水平，且果实品质较好。

中耕深度随生长季节而异，早春在桃树根系第一次生长高峰灌水之后深耕 5 ~ 10 cm 一次，这样既可保墒，又能提高地温。在果实硬核期，根系生长较缓慢，而地上部正值旺盛生长期，为防止生根，只浅耕松土既可。到八九月份，根系进入夏眠，又逢雨季，不松土有利于水分蒸发，只除草不中耕。秋季深翻有利于熟化土壤。幼树结合施基肥逐渐扩穴，直至与树冠相适应。秋季深耕正值根系活动的旺盛时期，断根伤口愈合，并能刺激根的产生，增加根量，扩大根系体积，使根系更新复壮。同时注意少伤大根、粗根。

（二）桃园深翻

果园深翻、土壤熟化是果树丰产栽培的基本措施。未经深翻熟化的土壤，保蓄水、肥能力差，稀释养分也少。特别是建在丘陵、山地、沙滩或黏重土地的桃园，一般土质较瘠薄，结构不良，更需要搞好土壤改良。深翻可熟化桃园土壤,是桃树增产的基本措施。桃园深翻结合施肥可以改善土壤的通气性和透水性,能调节土壤温度,促进微生物活动,从而使土壤的理化性质得到根本改善,促使土壤团粒结构的形成,提高土壤肥力。同时,深翻难免会切断一部分根系,等于对根系进行了修剪,可以增生须根,扩大总根量,增大吸收地下养分的总面积,明显促进桃树的生长发育,使果大质优,连年丰产。因此,桃园土壤一定要进行深翻改良。

深翻的方法有:深翻扩穴,行间、株间深翻和全园深翻等。深翻一般在桃树落叶后,结合施基肥进行。此时正值根系生长高峰,伤口易愈合,并能生长新根。深翻也可在早春解冻后进行。此时地上部仍处于休眠状态,根系刚开始活动,生长比较缓慢,伤根后容易愈合和再生。春季土壤解冻后水分上移,土质疏松,操作省工。北方多春旱,深翻后要及时灌水。

(三)桃园覆草

桃园覆草泛指利用各种作物秸秆、杂草、树叶、碎柴草等材料在桃园地面进行覆盖的一种桃园土壤管理方法,包括全园覆草、株间覆草、树盘覆草等方式。覆草法适于山地与干旱地区应用,可减少水分蒸发,抑制杂草的生长,提高土壤湿度,增加土壤有机质,改善土壤团粒结构,提高土壤肥力,并能调节地温,有利于桃树生长,提高桃树产量和果实品质。但是树冠下覆草也存在缺点:主要是覆盖使桃树根系集中于表土层,削弱其抗旱、抗寒能力;同时覆盖物易隐藏病虫害,招致鼠害,增加病虫害的防治难度,要注意树冠下的杀菌消毒。

果园覆草以后,每年可在早春、花后、采收后,分2~3次追施氮肥。追施时先将草分开,挖沟或穴施,逐年轮换施肥位置,施肥后适量灌水,也可在雨季将化肥撒施在草上,让雨水淋溶。果园覆草后,应连年补覆,使其继续保持在20 cm厚度,以保证覆草效果。连续覆盖3~4次以后,秋冬应对园地进行一次翻耕,深15 cm左右,将地表的烂草翻入土中,改善土壤理化性状,促进根系生长,然后重新覆草。

(四)桃园生草

在株间或树盘内不清耕,使用化学除草剂,行间自然生草或人工种草(禾本科和豆科),然后刈割覆盖于地面的一种土壤管理制度。优点是可提高土壤有机质含量,防止水土流失,但无灌溉条件的地区,易与桃树争肥水,尤其旱季表现更明显。

(五)地膜覆盖

桃园地膜覆盖栽培就是采用各种地膜覆盖桃园地面的一种土壤管理制度。地膜覆盖主要有以下几种形式:全园覆膜、株间覆膜、树盘覆膜等。地膜种类多种多样,最常见的主要有透明膜和黑色膜,同时还有银光膜、除草膜等。桃园覆膜可以起到防旱保墒、提高低温、抑制杂草、改善桃园树冠中下部的光照条件、促进着色、提高果实产量和品质等作用。但与此同时,地膜覆盖也容易造成塑料污染。

第二节　果园施肥

桃树是多年生植物,一经定植,多年固定在一个地方生长,在其生长发育、开花结实的过程中需要多种营养元素。为了达到丰产、优质的目的,必须根据树体的生长结果需要,适时补充必要的营养元素,这就需要对果园施肥。同时,作为多年生植物,桃树具有与1年生作物不同的施肥特点。因此,了解桃树营养的特点是确定施肥种类、施肥时期、施肥方法和施肥量的重要依据。桃根系分布深广,因此就需要桃园深翻提高深层土壤肥力。并且作为多年生作物,需要年年施肥以补充根系周围土壤中缺乏的营养元素。合理的桃园养分管理措施是生产优质桃和保护环境的关键。养分管理的目标是:让桃树生长得更健康、产量更高、品质优异、效益最高;优化肥料施用,减少肥料的径流、淋洗等损失,减少环境污染。因此,要根据桃树实际肥料需求进行施肥。

一、桃树的施肥量

果树必需的矿质元素在体内含量差异很大,土壤养分供应不足或者过量时,都会导致桃树养分含量变化。要确定施肥量,必须了解5个参数:目标产量、需肥量、土壤天然供给量、肥料利用率和肥料中有效养分含量。

（一）目标产量

需要根据桃树品种、树龄、树势开花情况、土壤条件、气候条件以及栽培管理措施等综合因素确定当年合理的目标产量。

（二）需肥量

桃树当年完成各种生理活动需要吸收的养分量，一般随树龄增长逐渐增多。

（三）土壤天然供给量

土壤本身含有各种矿质元素，能够为桃树提供一部分养分。

（四）肥料利用率

肥料利用率是作物所能吸收肥料养分的比率，用来反映肥料的利用程度。

施入土壤的肥料由于受到土壤吸附、雨水冲刷和分解损失等，并不能够全部被桃树根系吸收利用。一般而言，肥料利用率越高，经济效益越高。

（五）肥料中有效养分含量

各种肥料有效养分差别较大，需根据具体养分含量确定。

二、桃树常用肥料的种类

为了满足桃树所需要的营养元素，使桃有足够的营养维持其生长发育，就需要给桃树施肥，桃树常用的肥料可以分为两大类，即有机肥料和化学肥料。

（一）有机肥料

有机肥料也叫农家肥料，以动植物残体和动物排泄物为主，含有丰富的有机质和腐殖质，以及桃树所需要的各种营养元素。有机肥料的特点是来源广、潜力大、养分完全、肥效期长而稳定，属迟效性肥料。施用后能改良土壤，提高土壤肥力，提高果实品质，是生产优质高档桃果的必备肥料。主要包括人畜粪尿、圈肥、堆肥、草木灰、杂草和树叶等，一般当作基肥使用。

（二）化学肥料

化学肥料是以矿物、空气、水等为原料，经过化学反应及机械加工后人工制成的肥料,具有养分含量高、肥效快、施用方便等优点。其缺点是不含有机质,养分单纯,肥效短。长期使用果实风味淡。有些化肥如果长期单独使用,还会破坏土壤结构,使土质变坏,因此应根据桃树生长发育的需要,确定使用的种类、数量和时期。常用的氮肥有尿素、硝酸铵、碳酸氢铵、硫酸铵等,常用的磷肥有过磷酸钙、磷矿粉等,常用的钾肥有硫酸钾、氯化钾等,常用的复合肥有硝酸钾、磷酸铵、磷酸二氢钾等,复合肥料既可作基肥,也可作追肥使用。

三、施肥方法

施肥的方法直接影响施肥效果。正确的施肥方法是,将有限的肥料施到桃树吸收根分布最多的地方而又不伤大根,从而最大限度地发挥肥效。桃园常用的施肥方法有以下几种。

(一)环状沟施法

在树冠的外缘挖环状沟施肥的方法,又叫轮状施肥。沟深要看主要吸收根分布深度而定,基肥可以较深,追肥适宜较浅。将肥料施入沟中与土壤拌匀后覆土。环状施肥易切断水平根,施肥范围较小,这种方法多用于幼树。

(二)放射沟施肥法

以树干为中心,在距主干 1 m 以外,顺水平根生长方向放射状挖沟,将肥料施入。可隔年或隔次更换位置,并逐年扩大施肥面积。挖沟时应注意内浅外深,以尽可能减少切断大根。

(三)条沟施肥法

在桃树行间或株间开沟施肥。施入的肥料与土壤拌匀后覆土。此方法适于机械作业,多用于行距较大的成年桃园。注意每年行间、株间轮换位置,使根部逐年都得到肥料。

(四)全园施肥法

肥料均匀地撒在园内。此法用于密植园或根系已布满全园的成年桃园。优点是施肥的面积大而均匀、省工,缺点是施肥深度较浅,容易将根系引向表层土壤。

四、施用基肥

实践证明,冬季农闲施基肥没有秋施基肥好。因为秋季地温较高,有利于肥料的腐烂分解,这时正是桃树根系的第二次生长高峰,伤根容易愈合,并能发生新根;根的吸收能力强,促进当年的光合作用,可以增加树体的营养储备,有利于花芽发育充实,并为来年春季发芽、开花坐果、新梢的生长提供物质基础。此外,秋施基肥比冬施基肥发挥作用早。因此,秋施比冬施更能减缓第二年新梢的长势,避免新梢旺长和果实发育的矛盾,减少生理落果。

基肥一般以迟效性肥料如厩肥、土肥等有机肥为主。这类肥料含有丰富的有机物质,营养成分比较全面。施用有机肥料不仅可以为桃树的生长发育提供丰富的养分,还有利于改善土壤的胶体性质和土壤结构,增加透气性,促进有益微生物的活动,提高土壤的保肥蓄水能力,增加土壤可吸收态矿质元素的数量。实践证明,多施有机肥是提高果实风味品质的重要措施。常用的有厩肥、堆肥、人粪尿、禽粪、饼肥、秸秆等,并且配合施用适量的氮、磷、钾化学肥料,尤其是磷肥与有机肥混合腐熟后施用,其肥效更好。

五、追肥

追肥的次数、时期与气候、土壤、树龄、树势有关。在高温多雨或沙质土壤地区,肥料容易淋湿,追肥宜少量多次;反之,追肥次数可适当减少。幼树的追肥次数主要取决于树体长势和管理目标,树势生长弱或者希望加速树体生长成形的,追肥次数可多;反之,生长势强的追肥次数宜少。一般成年树一年可追肥 2~4 次。追肥一般以速效性肥料为主。桃树需要补充营养的关键时期如下。

(一)花前追肥

花前追肥又叫催芽肥,于开花前 2 周进行。此次追肥目的是解决储存养分不足和春季萌芽开花消耗较多的矛盾。对树势弱、产量高的大树尤其要追肥,以补充上年树体储藏营养的不足,为萌芽做好准备。追施的肥料应以速效性氮肥为主。

(二)开花后追肥

开花后追肥也叫作稳果肥,花芽开花消耗大量储藏养分,为了提高坐果率和促进幼果、新梢的生长发育以及根系的生长,在开花后追肥应以速效氮肥为主,并辅以硼素。土壤肥力高时,可以花前施,花后不再施。沙地保肥力差,可分两次追肥。

(三)果实膨大和花芽分化期追肥

一般在第三次生理落果结束时施用。此时正是果实膨大和花芽分化前期,需要大量营养,同时是全年最关键的一次追肥,应以钾肥为主,配以氮、磷肥。对早熟品种来说,这次追肥可以促进果实膨大,提高果实品质。此次施肥,既能保证当年果实的产量和品质,同时也为第二年结果打下基础。

(四)采果后追肥

主要是对中、晚熟品种或弱树,而幼旺树不宜施采后肥。在果实采后追施,应以氮肥为主,配合磷肥,用以补充树体营养消耗,增强叶片光合作用和秋季物质的积累,提高树体越冬能力。多在 9 ~ 10 月施入,幼龄果园一般不施。

六、叶面施肥

叶面施肥又叫根外追肥,就是把肥料配成水溶液,用喷雾器直接喷到叶片表面,直接供叶片吸收利用的追肥方法,叶面施肥可以使营养物质通过叶片的表皮细胞和气孔进入体内,直接参与植物的新陈代谢和有机物的合成。叶面施肥可减少养分固定、高效改善植物营养状况、提高肥料利用率。喷后 15 min 至 2 h 即可被叶片吸收利用。

第三节 桃园水分管理

在落叶果树中,桃是耐旱的树种,也是对水分比较敏感的树种。与其他果树一样,桃在生长期需要均衡灌水,所不同的是,在需水敏感时期缺水,对果品产量和质量的影响非常显著。桃树树体的生长、土壤营养物质的吸收、光合作用的进行、有机物质的合成和运输、细胞的分裂和膨大等一系列重要的生命活动,都是在水的参与下进行的。因此,水分供应是否适宜,是影响桃树生长发育、开花结果,高产、稳产,果实品质优良的重要因素。桃树灌水的时期、次数、灌水量主要取决于降水、土壤性质和土壤湿度及桃树不同生育期的需水情况等。

一、桃园灌水的时期

桃树在不同物候期对水分要求不同,需水的多少也不同。确定桃树的灌水时间,应主要根据桃树在生长期内各个物候期的需水要求及当时的土壤含水量来确定。桃树应把握以下 4 个灌水时期。

(一)萌芽前

为保证桃树萌芽、开花、坐果的顺利进行,要在萌芽前浇灌一次透水,并确保水分能下渗到地下 80 cm 左右。

(二)硬核期

这一时期桃树对水分十分敏感,缺水或水分过多均易引起落果。因此,生产上要十分注意这个时期的灌水。如果干旱,应浇 1 次过堂水,即水量不宜过多。

(三)果实第二次膨大期

这次灌水又称成花保果水。果实第二次膨大期也就是中、晚熟品种采收前 15～20 d。这时正是北方的雨季,灌水应根据降水量而定。若土壤干旱可适当轻灌,切忌灌水过多;否则,易引起果实品质下降、风味变淡和裂果。

(四)落叶后

桃树落叶后、土壤冻结前可灌 1 次越冬水,以满足越冬休眠期对水分的需要。但秋雨过多,土壤过黏重的就不一定进行冬灌。灌水的时期不能固定不变,应根据桃树对水分的要求、降水情况、土壤湿度及生产上的需要灵活掌握,确定适宜的灌溉时期。切记不可以叶片萎蔫为标准,当桃园水分降到叶片萎蔫时,桃树生长与结果已受到严重损害。

二、桃园灌溉方式

桃园灌溉应该以节约用水、减少土壤侵蚀为原则。近年来,节水栽培技术被大力提倡,并逐渐推广开来。下面介绍几种常用的节水灌溉方式。

(一)喷灌

喷灌是利用机械设备把水喷射到空中,形成细小雾滴进行灌溉。灌溉的基本原理是水在压力下通过管道,管道上按一定距离装有喷头,喷洒灌水。喷灌可按照果树品种、土壤、气候条件适时适量喷洒,一般不产生地面径流,因此喷灌不会破坏土壤结构,造成水土流失。此外,夏季灌溉还可以改变桃园的小气候,更适用于不平整的土地或地形复杂的山地果园。但喷灌也存在一定的缺陷,如作业受风影响,大风天气不易喷洒均匀,喷灌过程中尤其是高温低湿情况下蒸发损失较大等。

(二)滴灌

滴灌是将灌溉水通过压入树下穿行的低压塑料管道送到滴头,再由滴头形成水滴或细小的水流,缓慢流向树的根部,每棵树下有滴头2~4个。滴灌不产生地面水层和地表径流,可防止土壤板结,保证土壤均匀湿润,保证根部土壤的透气性,并能比畦灌节水80%~90%,比喷灌节水30%~50%。在山区,为了节省能源,可把储水罐放在地势高的地方,利用地势高低落差形成的压力,进行滴灌。尤其是栽培油桃时更应注意,油桃对水分反应敏感,常因水分分配不合理而引起裂果。如久旱不雨,骤然降水,尤其在果实迅速膨大期,会发生严重的裂果现象,有时连阴雨也能引起裂果。滴灌是油桃最理想的供水方式,既节水,又能均匀供给,可为油桃提供较为稳定的土壤和空气湿度,减轻或避免裂果。由于滴灌的出水口很小,滴头容易发生堵塞,对水质要求较高,要对灌溉水进行净化处理。

(三)微喷灌

微喷灌是介于喷灌和滴灌的部分根域灌溉的一种定位灌溉技术。仅对部分土壤进行灌溉,可减少地表水分蒸发和无效灌溉,是一种节水的灌溉方式。同时,微喷灌具有调节小气候的功能。但是,微喷灌喷头容易堵塞，需要对灌溉水进行净化。

（四）渗灌

渗灌是利用一种特别的渗水毛管埋入地表以下，压力水通过渗水毛管以渗流的形式湿润其周围土壤的灌溉方式。优点是不破坏土壤结构、灌水质量好、蒸发损失小、占用耕地少、便于机械化操作。缺点是造价高、易堵塞、检修难，不宜在盐碱地使用。

除了上述节水灌溉方式外，还有一些传统灌溉方式，如畦灌、沟灌和穴灌，相对成本较低，但对土壤结构破坏比较大，需水量大，不利于节水栽培，这里不再进行详细描述。

第六章　桃主要树形及整形修剪

　　桃树的树形是依据其生长、结果习性和栽培方式等因素确定的。整形就是通过修剪手段,把桃树按生产需要改造成合理的形状。桃树属于中小型乔木,干性弱。桃树生长势及枝条的结果能力与品种关系紧密,且桃树为喜光树种,因此桃树修剪时应注意以下几个方面:要确保枝叶见光的时间,幼树和旺枝要轻剪,老树和弱树要重剪,夏剪要少量多次。同时,应根据品种特性改变修剪方式。目前,在桃生产中采用较多的树形有细长主干形、Y 字形和适合亩栽 30～50 株的三主枝开心形。

第一节　主要树形

　　根据栽培密度的不同,应采用相应的配套树形,如适合高密园(亩栽 200～333 株)的细长主干形,适合亩栽 80～110 株的 Y 字形,以及适合亩栽 30～50 株的三主枝开心形。

一、细长主干形

(一)树体结构

　　树体由主干、中心干、结果枝三部分组成。主干为地面到着生第一结果枝的部位;中心干,也称中央干,是指第一结果枝到最顶端结果枝的长度;结果枝指直接着生果实的枝条。中心干强而直立,约 1.7 m,无主、侧枝之分,中心干上直接分生结果枝或结果枝组。着生在中心干的果枝粗度在 0.4～0.8 cm,过粗的果枝不留。主干形一般都架设立架,将中心干和部分大型枝组绑缚在立架上。

(二)栽培模式

　　株行距为(1～1.5) m×(2～3) m 的高密园(亩栽 200～333 株),

即一株树只有 1 个直立的永久性中心干,中心干上的横向枝全都为临时性结果枝。30 cm 左右的枝是最好的结果枝,结桃的枝条冬剪时就疏除,让当年长出的健壮新梢作为下年的结果枝。成形后树高 2.5 m 左右,冠径控制在 1 m 以内。行间耕作采用小型旋耕机。定植第二年树体高度达到 2.5 m,亩产 1 500 kg 左右,第三年 3 500~4 000 kg,盛果期 5 000~6 000 kg。

(三)优缺点

1.优点

(1)成形快,结果早。成品苗定植后不定干,当年就可发出 10~15 个或更多结果枝,第二年就能形成产量。芽苗栽植后,当年也能基本成形,并发出结果枝。

(2)果个大,产量高。主干形树树体细长,可有效提高单位面积的栽培密度,提高单位面积产量。树体通风透光条件好,营养积累高,因而果个较大,可溶性固形物含量高。

(3)结果部位不外移,内膛不死枝。与传统树形相比,主干形桃中心干着生结果枝较细,容易进行结果枝更新,所以结果部位不易外移。加上主干形桃树透光性较好,内膛不易发生死枝现象。

(4)优质果率高。主干形桃便于宽行密植,光照条件好,所结的果实基本全部见光,果实外在品质和内在品质都非常好。

2.缺点

前期苗木和架材投入高。主干形桃每亩可栽植 222~333 株,用苗量是传统类型的 3~5 倍。

栽植当年用工量大。由于桃树干性弱,为了保证中心干强而直立,需将主干绑缚在小竹竿等架材上生长。在生长过程中,需喷施生长抑制剂(如多效唑)控制生长,还需要进行转枝、拿枝等控制结果枝条的生长方向。

生长季修剪次数多。生长季修剪操作不及时,就可能造成上强下弱的现象。

二、Y字形

Y字形是我国20世纪80年代开始出现的一种两主枝开心形的树形。在栽植后的第一、二年采用拉枝的方法调整主枝的开张角度与方位,将树形归置成Y字形。

(一)树体结构

树体由主干、两个主枝、侧枝、枝组组成。主干高40~50 cm,通过拉枝将两个主枝相对拉向两边的行间,使两主枝间的夹角为40°~55°,侧枝配备在主枝两侧,每个主枝上着生3~5个侧枝。第一侧枝距主干25 cm左右,第二侧枝距第一侧枝30 cm,方位与第一侧枝相对,第三侧枝与第一侧枝方向相同,距第二侧枝50 cm左右。侧枝与主枝的夹角保持在60°左右,在主、侧枝上配置结果枝组。

(二)栽培模式

定植株行距为(1.5~2) m×(4~5) m,亩栽80~110株。主枝多为2个,与行向垂直,主干50 cm左右,主枝与主干夹角30°~40°。主枝上着生小型结果枝组或直接着生结果枝,多采用长枝修剪。采用与行向垂直的2个主枝,没有中心干,沿行看群体结构呈Y字形,树体高度2.5 m,行间有少量空隙。亩产3 000 kg左右。

(三)优缺点

1. 优点

宽行窄株,为桃树提供了良好的通风透光环境,树冠上下均能结果,果实在树冠内分布较均匀,中下部透光较好,中下部果实也着色良好。

2. 缺点

结果迟,一般2~3年开始结果,3~4年丰产,进入盛果期需4~5年。斜生枝、侧生枝旺长,控制难度大。

三、三主枝开心形

三主枝开心形是20世纪70年代研究开发并在80年代开始在生产上推广应用的树形。

(一)树体结构

树体由主干、三个主枝、侧枝、枝组组成。定干高度为 50 cm 左右。选择三个生长势均衡的枝条作为三大主枝,之后在每个主枝上选留 2 ~ 3 个侧枝,确保侧枝在主枝上错落分布,在侧枝上着生结果枝或枝组。

(二)栽培模式

定植株行距为 3 m × 5 m,亩栽 45 株左右。干高 50 cm 左右,主干上培养 3 ~ 4 个直立斜生的永久性主枝,每个主枝即为一个独立主干形。主枝多少可根据空间而定,每个主枝前后左右应有 1 m 的间距,确保树冠没有无效区、树上没有无效枝、枝上没有无效叶。亩产 2 000 ~ 3 000 kg。

(三)优缺点

1. 优点

树冠低,修剪、采果方便,生产出的果实果个大、品质好。

2. 缺点

结果晚,整形时间长,进入盛果期相对较晚。后期容易造成平面化结果,影响机械操作,整形修剪较复杂。

第二节　桃树整形修剪的时期

桃树在休眠期和生长期都可以进行修剪,但不同时期修剪有不同的任务。

一、休眠期修剪

休眠期修剪即冬季修剪,从秋季正常落叶后到翌年萌芽前进行,此时桃树的储藏养分已由枝叶向枝干和根部运转,并且储藏起来。这时修剪,对养分的损失较少,而且因为没有叶片,容易分析树体的结构和修剪反应。因此,冬季是多数果树的主要修剪时期。

冬季修剪要完成的果树主要整形修剪任务是培养骨干枝,平衡树势,调整从属关系;培养结果枝组,控制辅养枝,促进部分枝条生长或形成花芽;控制枝量,调节生长枝与结果枝的比例和花芽量,控制树冠大小和疏密程度;改善树冠内膛的光照条件,以及对衰老树进行更新修剪。

二、生长期修剪

生长期修剪分春、夏、秋三季进行。在春季萌芽后到开花前进行的春季修剪,又分为花前复剪和晚剪。花前复剪是冬季修剪任务的复查和补充,主要是进一步调节生长势和花量。在花芽绽开到开花前进行一次复剪,疏除过多的花芽,回缩冗长的枝组,这样有利于控制花量、提高坐果率和培养结果枝组。幼树萌芽前后,加大辅养枝的开张角度,以提高萌芽率,增加枝量,这样有利于幼树早结果。晚剪是指对萌芽率低、发枝力差的品种萌芽后再短截,剪除已经萌芽的部分。这种晚剪措施,有提高萌芽率、增加枝量和减弱顶端优势的作用,是幼树早结果的常用技术。

夏季是果树生长的旺盛时期,也是控制旺长的好时机,许多果树都利用夏季修剪来控制枝势、减少营养消耗,以利树势缓和、花芽形成和提高坐果率,还能改善树冠内部光照条件,提高果实质量。常用的措施有撑枝开角、摘心疏枝、曲枝扭梢、环剥环刻等。

秋季落叶前对过旺树进行修剪,可起到控制树势和控制枝条旺长的作用。此时疏除大枝,回缩修剪,对局部的刺激作用较小,常用于一些修剪反应敏感的树种、品种。秋季剪去新梢末端成熟或木质化不良的部分,可使果树及早进入休眠期,有利于幼树越冬。生长期修剪损失养分较多,又能减少当年的生长量,修剪不宜过重,以免过分削弱树势。

第三节　桃树修剪的主要措施

桃树修剪的基本方法有短截、疏枝、回缩、缓放、摘心、环刻、长放、曲枝、抹芽和除萌、扭梢、拿枝等。

一、短截

短截是指将一年生枝剪去一部分,按剪截量或剪留量区分,有轻短截、中短截、重短截和极重短截四种方法。适度短截对枝条有局部刺激作用,可以促进剪口芽萌发,达到分枝、延长、更新、控制(或矮壮)等目的;但短截后总的枝叶量减少,有延缓母枝加粗的抑制作用。短截有促进枝条生长、扩大树冠、增加枝量、缩短枝轴、改变枝梢生长方向和角度的作用。

轻短截的剪除部分一般不超过一年生枝长度的1/4,保留的枝段较长,侧芽多,养分分散,可以形成较多的中、短枝,使单枝自身充实中庸,枝势缓和,有利于形成花芽;修剪量小,树体损伤小,对生长和分枝的刺激作用也小。

中短截多在春梢中上部饱满芽处剪截,一般剪掉春梢的1/3~1/2。截后分生中、长枝较多,成枝力强,长势强,可促进生长,一般用于延长枝、培养健壮的大枝组或衰弱枝的更新。

重短截多在春梢中下部半饱满芽处剪截,剪口较大,修剪量亦长,对枝条的削弱作用较明显。重短截后一般能在剪口下抽生1~2个旺枝或中、长枝,即发枝虽少但较强旺,多用于培养枝组或发枝更新。

极重短截多在春梢基部留1~2个瘪芽剪截,剪后可在剪口下抽生1~2个细弱枝,有降低枝位、削弱枝势的作用。极重短截在生长中庸的树上反应较好,在强旺树上仍有可能抽生强枝。极重短截一般用于徒长枝、直立枝或竞争枝的处理,以及强旺枝的调节或培养紧凑型枝组。

二、疏枝

将枝条从基部剪去叫作疏枝。一般用于疏除病虫枝、干枯枝、无用的徒长枝、过密的交叉枝和重叠枝,以及外围搭接的发育枝和过密的辅养枝等。疏枝的作用是减少分枝,改善树冠通风透光条件,提高叶片光合效能,增加养分积累;疏枝对全树有削弱生长势的作用,剪(锯)口越大,这种削弱或增强作用越明显。疏枝的削弱作用大小,需看疏枝量和疏枝粗度。促下抑上,去强留弱,疏枝量较多,则削弱作用大,可用于对辅养枝的更新;若疏枝较少,去弱留强,则养分集中,树(枝)还能转强,可用于大枝更新。

三、回缩

短截多年生枝的措施叫作回缩修剪,简称回缩或缩剪。回缩的部位和程度不同,其修剪反应也不一样,例如在壮旺分枝处回缩,去除前面的下垂枝、衰弱枝,可抬高多年生枝的角度并缩短其长度,分枝数量减少,有利于养分集中,能起到更新复壮的作用;在细弱分枝处回缩,则有抑制其生长势的作用,多年生枝回缩一般伤口较大,保护不好也可能削弱锯口枝的生长势。

回缩的作用有两个:一是复壮作用,二是抑制作用。生产上抑制作用的运用有控制辅养枝、抑制树势不平衡中的强壮骨干枝等。复壮作用的运用有两个方面:一是局部复壮,例如回缩更新结果枝组、回缩多年生枝、换头复壮等;二是全树复壮作用,主要是衰老树回缩更新骨干枝,培养新树冠。

回缩复壮技术的运用应视品种、树龄与树势、枝龄与枝势等灵活掌握。一般树龄或枝龄过大、树势或枝势过弱的,复壮作用较差。潜伏芽多且寿命长的品种,回缩复壮效果明显。因此,局部复壮、全树复壮均应及早进行。

四、缓放

缓放是相对于短截而言的,不短截即称为缓放。缓放保留的侧芽多,将来发枝也多;但多为中、短枝,抽生强旺枝比较少。缓放有利于缓和枝的长势、积累营养,有利于花芽形成和提早结果。

缓放枝的枝叶量多,总生长量大,比短截枝加粗快。在处理骨干枝与辅养枝关系时,如果对辅养枝缓放,往往造成辅养枝加粗快,其枝势可能超过骨干枝。因此,在骨干枝较弱,而辅养枝相对强旺时,不宜对辅养枝缓放;可采取控制措施,或缓放后将其拉平,以削弱其生长势。同样道理,在幼树整形期间,枝头附近的竞争枝、长枝、背上或背后旺枝均不宜缓放。缓放应以中庸枝为主;当长旺枝数量过多且一次全部疏除修剪量过大时,也可以少量缓放,但必须结合拿枝软化、压平、环刻、环剥等措施,以控制其枝势。上述缓放的长旺枝第二年仍过旺时,可将缓放枝上发生的旺枝或生长势强的分枝疏除,以便有效实行控制,保持缓放枝与骨干枝的从属关系,并促使缓放枝提早结果,使其起到辅养枝的作用。

生产上采用缓放措施的主要目的是促进成花坐果。但是,不同树种、不同品种、不同条件下从缓放到开花结果的年限是不同的,应灵活掌握。另外,缓放结果后应区别不同情况,及时采取回缩更新措施,只放不缩不利于成花坐果,也不利于通风透光。

五、摘心

摘心是在新梢旺长期,摘除新梢嫩尖部分。摘心主要针对的是生长过旺枝、需培养成结果枝的新枝。摘心的作用如下:

(1)暂时抑制新梢生长,促进新梢加粗生长;

(2)促进花芽分化;

(3)避免结果部位外移;

(4)抑制竞争枝、徒长枝生长,保证主枝的健壮生长。

六、环刻

环刻是在枝干上横切一圈,深达木质部,将皮层割断。若连刻两圈,并去掉两个刀口间的一圈树皮,即称为环剥。若只在芽的上方刻一刀,即为刻芽或刻伤。这些措施有阻碍营养物质和生长调节物质运输的作用,有利于刀口以上部位的营养积累、抑制生长、促进化芽分化、提高坐果率、刺激刀口以下芽的萌发和促生分枝。环剥对根系的生长亦有抑制作用,过重的环剥会引起树势的衰弱,大量形成花芽,降低坐果率,对生产有不利影响。环刻、环剥的时期、部位和剥口的宽度,要因树种、品种、树势和目的的不同而灵活掌握。

七、长放

长放也称甩放,即一年生长枝不剪。长放是目前修剪中应用较多的方法之一,其主要作用如下:

(1)增加枝量。长枝不剪,芽数增多,枝量尤其是中、短枝数量增加快。

(2)促进花芽形成。中庸枝、斜生枝和水平枝长放,由于留芽数量多,易发生较多中、短枝,生长期积累养分多,能促进花芽形成和结果。

八、曲枝

曲枝即人为改变枝梢生长方向。一般是加大与地面垂直线的夹角,直至水平、下垂或向下弯曲,也包括向左右改变方向或弯曲。加大分枝角度和向下弯曲的作用如下:

(1)削弱顶端优势或使其下移,有利于近基枝更新复壮和使所抽新梢长势均匀。

(2)开张骨干枝角度,可以扩大树冠,改善光照,充分利用空间。

(3)缓和生长势,曲枝减缓枝内蒸腾液流呈单方面运输速度。

九、抹芽和除萌

抹芽指在桃树萌芽后抹除双生和三生芽、剪(锯)口过多的竞争芽、两侧过多的叶芽及方位不正的叶芽。除萌指抹除主干基部抽生的实生萌蘖。抹芽和除萌的作用为节省树体养分、削弱顶端优势、促进花芽形成、提高坐果率、促进枝芽充实。

十、扭梢

扭梢是把徒长梢或旺梢部分扭转一下,使木质部和韧皮部受伤而不折断,以改变枝条生长方向。具体做法为:左手握住新梢基部,右手每隔2~3节将枝转一下。扭梢时期多为新梢尚未木质化时期。扭梢的作用主要是改变枝条生长方向,抑制其生长,促进成花,且不会造成死枝。

十一、拿枝

拿枝亦称捋枝。在新梢生长期用手从基部到顶部逐步使其弯曲，伤及木质部，响而不折。秋梢开始生长时拿枝，减弱秋梢生长，形成少量副梢和腋花芽。秋梢停长后拿枝，能显著提高次年萌芽率。

十二、长枝修剪技术

长枝修剪技术是一种基本不使用短截，仅采用疏枝、回缩和长放的修剪技术。它具有操作简单、节省修剪用工、冠内光照好、果实品质优良、利于维持营养生长和生殖生长的平衡、树体容易更新等优势。主要应用于长结果枝为主和易裂果的品种，还可以先利用长果枝长放，促使中、短果枝结果的品种长出中、短果枝。应用长梢修剪时要注意枝条保留密度，保留 40 ~ 70 cm 长度的枝条较为合适。及时进行夏剪，疏除过密枝条和徒长枝，并对内膛多年生枝上长出的新梢进行摘心，实现内膛枝组的更新、复壮。

第四节　常用树形的修剪整形

一、三主枝开心形

三主枝开心形是生产上使用较多的树形之一。这种树形有 1 个主干、3 个主枝，每个主枝上配置 4 ~ 6 个侧枝，构成树体骨架。其整形要点如下。

（一）定植当年树形修剪

苗木定植后，在距地面 50 ~ 70 cm 处定干。定干高度可根据品种特性及土壤情况适当调整。干性强或土壤贫瘠、风害严重的地区，可降低定干高度；反之，则可调高主干高度。剪口下留 25 ~ 30 cm(7 ~ 10 个健壮饱满的叶芽)作为整形带，在带内培养 3 个主枝。选取 3 个整形带中萌发的长势强健、位置合适的新梢或当年生副梢培养，作为 3 大主枝培养。在选定永久性主枝的同时，余下新梢可以通过摘心或剪截，调整新梢长势。对整形带以下的萌发枝，一律抹除。

桃树3主枝的方位角度各占120°，均匀分布；各枝的开张角度为45°~60°，但不必一致。向北侧生长的或向梯田壁生长的主枝最好是顶端的第三枝，因其枝位高，本身的生长势较弱，因此可缩小些开张角度，增强生长势。向南侧或背梯田壁生长的主枝，最好安排为第一主枝，因本身生长势较强，开张角度可适当加大，可加大到70°左右，以利于透光；第二主枝的开张角度可适中。这样，3个主枝的开张角度由大到小，使3个主枝的叶幕上下错开，改善了树冠的通风透光条件。

在安排好3大主枝后，为每个主枝配备侧枝时，应考虑到树势的平衡。自然开心形的3大主枝，上部主枝生长势较弱，下部主枝生长势较强。因此，需通过调整主枝的开展角度来平衡树势。通过上述调整各主枝开张角度大小可平衡树势，即强枝加大开张角度，缓和生长势；弱枝缩小开张角度，增强生长势，这样可以起到平衡树势的作用。但有时仍然是上部主枝生长势比下部主枝的弱，树势达不到满意的平衡。因此，在各主枝上配置第一侧枝时，还要考虑平衡树势，一般第一侧枝距主干越远越能缓和该主枝的生长势。第一主枝生长势强，其第一侧枝的位置应安排在距离主干较远的位置上（100 cm左右）；第三主枝比第一主枝、第二主枝都弱，所以它的第一侧枝应安排在比第一主枝近、比第三主枝远（80~90 cm）的位置上。

经过生长期的培养和修剪，3大主枝已基本确定。冬剪时，主枝需要短截，一般分别剪去全长的1/3~1/2。为平衡3大主枝的生长势，剪口芽留外芽，第二、三芽留在两侧。如果对第二、三芽位置不满意，可通过抹芽的方式进行调整。对于树冠直立的品种，为了使树冠开张，第二芽也留外芽，利用剪口下第一芽枝把第二芽枝"蹬"出去，冬剪时再把第一芽枝剪掉，留下"蹬"开的第二芽枝作主枝的延长枝，加大主枝的开张角度，使树冠开张。

对辅养枝的处理：凡影响主枝生长的旺枝或重叠枝都可以疏除。对不影响主枝生长的旺枝、辅养枝，为不使其与主枝竞争，可加大角度拉平缓放，促使萌发结果枝。待辅养枝结几年果后，如影响主侧枝生长，可逐年收缩或疏除。

(二)定植后第二年树形修剪

第二年春、夏季,当主枝延长枝长度达到 50 cm 左右时,在 30 cm 处摘心,促使萌发副梢增加分枝级数。摘心时的顶芽要留外芽,便于培养延长枝。摘心后副梢萌发过密,应适当疏除一些。留下的副梢长到约 40 cm 时再给副梢摘心。

第二年冬季修剪时,主枝剪留长度相应加长。对主枝延长枝短截,剪去全长的 1/3~1/2。为使几个主枝间的生长势均衡,力求各主枝剪口芽在同一高度的圆周线上,应采用强枝短剪、弱枝长留的方法,即第一主枝短剪,第三主枝长留。同时,主枝剪口芽一般留外芽。对角度小而生长强的主枝可用副梢芽(被利用副梢应为 1 cm 粗,副梢角度大可长留,相反则短留,细弱副梢不宜留作延长枝)或用副梢基部芽开张角度,以缓和生长势。

夏季,主枝延长枝长到 50~60 cm 时摘心,在新萌发的副梢中选主枝两侧的新梢作为第二侧枝培养。第二侧枝距第一侧枝 30~50 cm,伸展方向与第一侧枝相反,也是向外斜侧生长,分枝角度为 40°~50°。余下的枝条(包括旺长的副梢)生长到 30 cm 以上时予以摘心,促使形成花芽。

(三)定植后第三年树形修剪

苗木定植两年后,生长势转旺,枝条生长量加大,冬剪时主枝延长枝剪留长度应比上一年稍长,原则上仍然是剪去全长的 1/3~1/2。如果夏季未培养出第二侧枝,这次冬剪要选留第二侧枝,具体要求与上年夏剪用副梢培养侧枝相同,剪留长度比主枝的剪留长度稍短。初步形成的结果枝组要适当短截,促使分枝扩大枝组,结果枝比上年适当多留。注意结果枝组安排的位置要合适,大小枝组要相同排列,不要在主、侧枝上的同一枝段上配置两个大型结果枝组,以防使主、侧枝先端生长势减弱,影响树冠扩大。在防止骨干枝先端衰弱的同时,要注意防止由于主枝的顶端优势而引起的上强下弱,造成结果枝着生部位上升,如果采用留剪口下第二、三芽枝作主枝延长枝,使主枝折线状向外伸展,侧枝应配置在主枝曲折向外凸出的部位,以克服结果枝外移的缺点。

二、Y字形整形修剪

Y字形整形修剪又称为两大主枝自然开心形,适合山地、密植桃园。该树形主要由1个主干和2个主枝,以及3~5个大、中型结果枝组组成。主枝之间长势容易平衡,树冠不易密闭,密植丰产,早结果,修剪简单、省工。该树形整形要点如下。

芽苗定植后,新梢长达35~40 cm时进行摘心,促发副梢。疏除距离地面30 cm内的萌蘖、新梢或芽。然后选留2个长势健壮、着生匀称、延伸方向适宜的副梢,作为预备主枝,任其自由生长,通过拉枝等措施,使主枝的角度保持在40°~50°,而对其余副梢,则通过扭梢等措施进行控制,以保持主枝的生长优势。冬季修剪时,2个主枝留60 cm短剪,而将其余大枝疏除。如果定植成苗,定干高度为40~50 cm,新梢长达30~40 cm时,选留2个生长健壮、延伸方向适宜的新梢,作为主枝,疏去竞争枝,留2~3个辅养枝,控制生长,以辅助主枝的生长优势。主枝背上的直立或斜上生长的副梢一般不保留,其他新梢的长势也应控制,不能超过主枝。冬季修剪时,2个主枝延长枝留60 cm短截,其余枝条去强留弱、去直留斜,尽量保留小枝,保持主枝角度和生长优势。

第二年春季萌芽后,及时抹去主枝背上的双生芽和过密芽,留剪口下第一芽作主枝延长枝,当延长枝长达40~50 cm时进行摘心,促发副梢。副梢萌发后,直立的枝及时疏除,斜生的枝留20~30 cm扭梢,剪口下第二、三芽所萌发的新梢用来培养大、中型枝组;直立和密集副梢应及时疏除,其他副梢在长达25~30 cm时摘心。除剪口下第一、二、三3个芽所萌发的新梢外,其余新梢直立的疏除、侧生的摘心,促其形成花芽。冬季修剪时,主枝延长枝留50~60 cm短截,第一芽留外芽,也可留侧芽,第二、三芽留侧芽,以备培养大、中型结果枝组,其余枝条尽可能缓放,疏除多余的发育枝。大、中型结果枝组的延长枝,留30~40 cm短截,疏去直立枝,缓放侧生、斜生新梢,疏去密生枝及双生枝。

桃树定植后3年,树体骨架基本形成。修剪时,仍应注意冬夏修剪结合,促进早期丰产。春季发芽后,新梢长达5~6 cm时,及时抹去双芽枝和密生枝;5~6月,疏除过多新梢,使同侧新梢基部保持20 cm左右的间距。树冠上部的主枝和大、中型枝组的延长枝及侧生枝应及时摘心。斜生枝、侧生枝应控制旺长,培养枝组。对树冠中、下部的新梢,在长达 30～40 cm 时摘心,促其成花;直立徒长枝应及时疏除,其余新梢缓放,用徒长性结果枝或长果枝作延长枝头。

三、细长主干形的整形修剪

与其他树形结构相比,桃树主干形树体结构非常简单,整个树体由主干、中心干、结果枝和结果更新枝组成。

(一)定植当年的夏季管理

树苗栽植后不定干,任其上的芽萌发抽枝,只抹除地面附近的萌芽。树苗主干上的副梢只留一个芽短截,若基部无芽,则将副梢疏除,刺激主干上芽萌发,当萌发的新梢长到 20 cm 左右时,就要进行转枝,除延长枝外,其余的枝条都要进行转枝。延长枝上发出的副梢长到 20 cm 时也要进行转枝。根据枝条生长情况,每个枝在生长季节里可转 2～3 次,对于特别旺盛健壮的枝条要彻底疏除。在 6 月下旬,依枝条生长势喷 15% 多效唑 200～300 倍液 2～3 次,控制生长,促进成花,为来年丰产打下基础。

(二)定植当年的冬季修剪

对主干上发出的枝进行选留,疏除无花枝、过粗的有花果以及交叉枝、重叠枝、密生枝,使留下的枝条在主干上分布均匀,互不交叉、互不重叠,呈螺旋状分布,而不是呈层状分布。并对保留的果枝一律缓放,采用长枝修剪技术。

(三)定植第 2 年生长季修剪

桃树萌芽后首先进行抹芽,抹除双生芽、三生芽中过多的芽,抹除背上无花处的叶芽,然后抹除果枝两侧过多的叶芽。当新梢长至 3～5 cm 时进行摘心,摘除两侧尤其前端生长旺的枝,控制生长,提高坐果率。每个果枝基部留一个新梢不摘心或轻摘心,培养为明年的结果枝。对主干延长枝不摘心,以扩大树冠。在 5～7 月对主干上发出的新梢、结果枝基部发出的新梢及中干延长枝上发出的副梢,依据生长势、角度进行 2～3 次转枝来控制生长、促进成花。在使用多效唑控制生长时,要注意浓度,既不能影响树体扩大,又要控制好树势。

(四)定植后第二年的冬季修剪

到第二年冬季树体已基本形成,在中心干上留一中庸果枝作头,控制树冠过高。疏除中心干上生长旺的枝条,尤其是上部的旺枝,然后疏除无花枝,最后疏除交叉枝、重叠枝、过密枝。保留下的枝条在中干上分布均匀,呈螺旋状分布。

第五节 桃树整形修剪应注意的问题

一、树体结构

传统的桃树体结构多为开心形,然而此树体结构较复杂,技术要求高,不易实行标准化作业。因此,Y形和主干形的树体结构逐渐成为现代桃栽培的主流树形。此类树形技术要求低且易实行标准化作业。

二、主干高度

传统理论认为主干高一般为 30~50 cm,但考虑到通风透光、果园管理作业等因素,一般密植园的主干高度为 60 cm,高度密植园为 60~80 cm,超高密植园应提高到 80~100 cm。

三、防止主枝中下部秃裸

由于光照、营养、修剪等因素的影响,骨干枝中下部的枝条或枝组生长易衰弱枯死,使得结果部位外移,导致桃树体的有效结果体积和生产能力大幅降低。因此,需及时调整主枝的开张角度,减轻对主枝延长枝的修剪,控制树势,调节树体内膛光照。

四、枝芽寿命

在全树肥水供应正常的情况下,不同部位与类型枝条的营养状况取决于各自从树体中获取水分、养分的能力及自身制造碳素营养的能力。生长势强的枝条和新梢从树体中获取水分、养分的能力强,自身合成碳素营养的能力也强;而生长势弱的新梢从树体中获取水分、养分的能力弱,自身合成碳素营养的能力也弱。因此,要解决枝芽寿命短的问题,就必须首先调整好主枝角度,改变修剪方法,削弱骨干枝头、枝组带头枝的生长势,清除骨干枝背上的徒长枝,使树冠中各部位与各类型枝条的生长势趋于平衡,从而消除强弱梢之间激烈的营养竞争,使各类枝条都能得到良好的水分和矿质营养供应。其次是合理控制树冠各部位的枝叶密度,保持良好的通风透光状况,使各类枝条上的叶片都能保持较高的光合速率,从而使各类枝梢的碳素营养状况良好。

五、结果枝组的配置

合理配置枝组是延长丰产年限的关键措施之一,一般应大、中、小型枝组相间配置。在高度密植栽培中,以中、小型枝组为主,而超高密栽培中,每株树就相当于 1~2 个大型枝组。枝组之间需保持一定间距。同方向的大型枝组之间应相距 50~60 cm,中型枝组 30~40 cm,主枝背上以中、小型枝组为主,背后及两侧以中、大型枝组为主。总之,要做到疏密有序,生长均衡,排列紧,不挤不空。

第七章　桃花果管理技术

桃树萌芽率高、成枝力强、易成花且花量大,但一棵桃树的果实收获率在 1.5% ~4%,其余 90% 以上的都为无效花果。桃的结果枝既能结果,又能发生下一年的结果枝。因此,在同一结果枝上,结果与生长的矛盾较为突出。若不疏花疏果,势必造成产量减少,既影响桃果的品质,还不能形成优质的结果枝。为减少树体营养的消耗、保证较强的树势及追求更高品质的果实,进行合理的花果管理是非常有必要的。

第一节　疏蕾和疏花

研究表明,疏蕾能显著促进幼果的膨大,以及新梢生长初期的营养生长。在花蕾露瓣期即花前 1 周至始花期是花蕾最容易脱落的时期,即疏蕾的关键时期,可人工抹去多余的花蕾。幼树主枝及侧枝延长枝先端 30 ~50 cm 的花蕾全部疏除;成年树主要对结果枝背上和基部、双花芽、花束状结果枝和无叶芽枝条的蕾进行疏除;长结果枝由于疏蕾后易促进新梢徒长,可不进行疏蕾。疏蕾量控制在总蕾量的 20% ~50%。幼树、旺树可轻疏,老树、弱树可重疏。

盛花期桃花不易脱落,人工疏花效率极低。因此,疏花的研究主要集中在化学疏果方面,采用的化学物质有石硫合剂、乙烯利等。石硫合剂药效稳定、安全,须在盛花期进行。乙烯利通常使用浓度为 60 mg/kg,于花后 8 d 喷施。

日本等国及欧美地区在机械疏花方面研究较多,成功应用于商业化生产的疏花技术为日本山梨县果树试验场开发的桃水喷射省力摘花技术。

第二节 疏 果

在落花后 20 d 左右,开始疏果。此时主要疏除发育不良的小果、畸形果、病虫害果,如双柱头果、蚜虫危害果、无叶片果枝上的果,以及长、中果枝上的并生果(一个节位上有两个果)。第二次疏果在果实硬核期进行,疏除畸形果、病虫果、朝上果和树冠内膛弱枝上的小果。

疏果的方法包括人工疏果、化学疏果和机械疏果。人工疏果时期与桃品种的落花落果特性相关。有花粉的品种可于花后 20 d 开始疏果;有生理落果特性的品种在花后 40 d 左右进行疏果。疏果一般分 1 ~2 次,生理落果严重的品种可分 3 次。国内外对化学疏果研究较多,使用的药剂有乙烯利、萘乙酸、二硝基邻甲酚钠、硫基脲、疏桃剂等。欧美地区对机械疏果研究较多,利用高压气流震动树枝进行疏果,要求必须在果实发育到一定时期并对外界条件敏感时才有效。

依树龄、树势、品种和管理水平,确定疏果量,国内外目前采用的标准如下。

一、依产量定果法

根据历年桃园实际生产经验以及果品定位,一般早熟品种每亩产量为 1 500 kg,中熟品种为 2 000 kg,晚熟品种为 2 500 kg,可以达到优质、丰产的目标。如曙光油桃为早熟品种,亩产按 1 500 kg 计,平均单果重 110 g,则每亩地留果量 15 000 个。

二、果枝定果法

一般小果型的品种,长果枝留 5 ~6 个果,中果枝留 3 ~4 个果,短果枝留 2 ~3 个果;中果型的品种,长果枝留 3 ~4 个果,中果枝留 2 ~3 个果,短果枝留 1 个果;大果型的品种,长果枝留 2 ~3 个果,中果枝留 1 ~2 个果,短果枝留 1 个果或不留果。

三、按果实间距离定果

在正常修剪、树势中庸健壮的前提下,树冠内膛每 20 cm 留一个果,树冠外围每 15 cm 留一个果;大果型略远,小果型略近。

四、叶果比法

早熟品种的叶果比一般为(15~20)∶1,中熟品种的叶果比为 30∶1,晚熟品种的叶果比为 40∶1;疏果时,其先后顺序是先内后外、先上后下,疏少叶果、留多叶果,要掌握留单不留双、留大不留小、留正不留偏、留外不留内的原则。

第三节　果实套袋

果实套袋除可以减轻病虫害和鸟类危害外,同时可以缓解早熟桃裂果现象。此外,套袋增加果实表面光泽,提高果实品质。因此,套袋技术在生产高档果品中应用较多。

一、果袋种类

果袋按材质分有报纸、桃果专用纸袋、塑料膜袋、液膜袋、无纺布袋五种;按层数分有单层袋、双层袋、三层袋;按作用分有防病袋、防虫袋、遮光袋、增色袋、混合袋五种;按颜色分有白色袋、褐色袋、灰色袋、报纸袋、外灰内黑袋、蓝色袋、红色袋、黄色袋等。桃果肉一般有白色、黄色和红色 3 种。红色品种选用浅颜色的单层袋,如黄色、白色袋即可;对着色很深的品种,可以套用深色的双层袋,到果实成熟前几天再去袋,其外观十分鲜艳。

二、套袋时间

套袋应在疏果后、生理落果基本停止时进行。在郑州地区一般在 5 月下旬进行,此时蛀果害虫尚未产卵。早熟品种可在花后 30 d 开始套袋。套袋时间以晴天上午 9~11 时和下午 2~6 时为宜。

三、套袋前喷药

为有效防治病虫害,在套袋前需对全园进行一次药剂喷施,杀死果实上的虫卵和病菌。常用农药为30%桃小灵1 500倍+70%代森锰锌800倍液,或2.5%敌杀死2 000倍+70%甲基托布津1 000倍液等。

四、套袋果实的管理

在桃果实套袋期间,应加强土、肥、水管理,除秋施基肥外,还要进行叶面喷钙。在套袋后至果实采收前,一般每隔10～15 d喷一次0.3%硝酸钙溶液。在6月下旬,采收前40 d和20 d各喷布1次稀土或采前1个月喷布光合微肥、农家旺等微肥,提高果实与可溶性固形物含量。

五、果实去袋技术

根据果实着色难易程度,确定去袋时间,如易着色品种可于采收前4～5日去袋,不易着色品种于采收前10～15 d去袋。考虑到日照强和高气温,果实易发生日灼,可进行分步去袋。可先将袋体撕开,使之于果实上方呈一伞形,以遮挡直射光,然后使袋内果实在自然散射光中过渡5～7 d后再将袋全部解掉。采收后,注意将用过的废纸袋集中销毁。

第四节 提高坐果率的措施

对花粉败育的品种,如果小面积栽培,同一果园品种多,授粉问题不突出。但大面积的经济栽培,品种集中,就必须在建园时考虑配置授粉树或进行人工授粉。

对雌蕊发育不完全的,除品种因素外,应加强采收后的管理,减少秋季落叶,增强树体的营养储备,使花器发育充实,增加抗寒力,提高花粉发芽力。因倒春寒造成冻花,除提高树体本身抗寒力外,采用熏烟、喷水等方法对寒潮侵袭进行防范也是有效的。

防止 6 月落果,主要是在硬核前适当供给肥水,保证果实和新梢生长所需的养分和水分。在技术上应避免单独大量施用氮肥,要配合磷、钾肥一起施用。旺树的修剪不可过重,以防刺激新梢的旺长。疏除过密枝以增加光照,提高叶片功能。

第五节　促进果实着色的技术

桃果实的色泽和风味是吸引消费者的重要因素,增加桃果实色泽和品质尤为重要。光照、温度和水分是影响果实着色的外界条件。增加果实着色的技术如下。

一、摘叶

一般摘叶的时间在果实着色期进行,生产中多用全叶摘除法,最适摘叶量以占全树总叶量的20%～30%为宜。为促使果实全面着色,在采收前 7 d 左右,摘除果实周围的遮光叶片,使其全果面都能充分接受光照,以利着色。

二、转果

通过转果,可以改变桃阴阳面的位置,使果实着色均匀。转果时间一般在果实采收前20～30 d 进行。转果后果实着色指数可增加20%。

三、铺反光膜

树冠下部和内膛的果实往往因光照不足而着色差,果实着色期于地面铺银色反光膜,可显著提高树冠内部光照强度,对促进树下部及内膛果实着色和果实含糖量有显著效果。套袋园铺反光膜一般在去袋后马上进行。对冠内膛郁闭枝、拖地的下垂枝及遮光严重的长枝应适当回缩、疏除。

四、叶面喷施微肥

在桃树生长期,叶面喷施具有促进果实着色作用的复合微肥,如美果灵、果必红、稀土多元复合肥等。这不仅能促进果实着色,而且可增加果实含糖量和提早成熟。喷洒果实着色剂,通过全园喷洒桃果实着色剂提高果实着色度,通常在桃果实膨大着色期喷施磷酸二氢钾,增加磷酸含量提高果实着色度,还可提高桃果实品质。

五、合理修剪

修剪是疏除直立枝、徒长枝、过密枝等,改善树冠内外的光照条件,使光线能有效地照在果实上。

六、控制土壤水分

在果实着色期,将土壤含水量控制在 $60\% \sim 80\%$,湿度过高或过低对果实着色都不利。

第六节　提高果实内在品质的措施

果实的内在品质包括香气、糖酸含量、果实质地、可溶性固形物含量等。提高果实内在品质是生产高档果品的必要措施。

一、选择适合当地的品种并根据品种特性进行修剪

桃品种可分为南方品种和北方品种,这说明任何一个桃品种都有它的最佳适宜栽培地区,因此需根据桃园所在地选择合适品种。同时,应依据品种特性进行适当修剪,如坐果率高的品种应适当重剪,对无花粉、坐果率低的品种应以轻剪为主。

二、采用果实膨大技术

针对桃果实第一次迅速生长期,应增加树体营养,如秋季多施有机

肥,根据实际情况适当追肥等;疏花疏果减少树体养分无效消耗;调整叶果比,合理负载。针对第二次果实迅速生长期,应在采收前多施钾肥;保持土壤水分,土壤持水量为40%左右。

三、果实套袋

果实套袋是生产高品质果品必需的技术措施,套袋可改善早熟品种裂果现象。

四、适期采收

根据品种特性适期采收,采收过早风味较差,采收过晚果肉变软、养分回流、品质下降。

第七节 采 收

桃果实不耐储运,必须根据运输与销售的需要适时采收。目前,生产上将桃的成熟度分为以下四种:

(1)七成熟。底色绿,果实充分发育。果面基本平展,无坑洼,中、晚熟品种在缝合线附近有少量坑洼痕迹,果面毛茸较厚。

(2)八成熟。绿色开始减退,呈淡绿色,俗称发白。果面丰满,毛茸减少,果肉稍硬。有色品种阳面有少量着色。

(3)九成熟。绿色大部褪尽,呈现品种本身应有的底色,如白、乳白、橙黄等。毛茸少,果肉稍有弹性,芳香,表现品种风味特性。有色品种大面积着色。

(4)十成熟。果实毛茸易脱落,无残留绿色。软溶质桃果肉柔软多汁,硬溶质桃果肉开始变面,不溶质桃果肉呈现较大弹性。

一般就近销售可在八至九成熟时采收,远距离销售于七至八成熟时采收。硬溶质桃、不溶质桃可适当晚采,而溶质桃,尤其是软溶质桃必须适当早采。加工用桃应根据具体加工要求适时采收,采收桃果必须极其仔细。用手掌握全果轻轻掰下,切不可用手指压捏果实。全树果实成熟度不一致时,要分期分批采摘。盛果篮和篓要用有弹性的麻布或蒲包衬垫,防止刺伤果实。桃果的包装容器一般用纸箱,纸箱的强度要足够大,在码放和运输过程中不能变形。纸箱容积不宜过大,以每箱装 10 ~ 15 kg 为宜。装箱时,要按销售要求严格分级,果实码放要紧凑,不留空间。

第八章 桃病虫害防治

第一节 主要病害的发生及防治

一、桃炭疽病

桃炭疽病是我国桃的主要病害之一,主要分布于长江流域。炭疽病病菌主要危害桃果实,也可侵染枝条和叶片。

(一)症状

幼果感病后,最初为淡褐色小圆点,病斑处茸毛变色,病菌从茸毛侵入果实表皮细胞,向果肉伸展。随着果实膨大,病斑逐渐扩大呈圆形或椭圆形,病部稍凹陷,病斑上产生黑褐色点状颗粒,组成同心轮纹状。后期病斑具有同心轮纹状的分生孢子盘,雨季孢子变成红色或粉红色黏质颗粒状,表现为感病部位出现肉红色黏状物。感病幼果停止生长,并且病害严重时常造成大量落果,干燥时形成僵果挂在树上。成熟果实感病后,初为淡褐色小病斑,并逐渐扩大为红褐色同心环状,合并成不规则状,随后脱落。新梢感病后出现椭圆形暗褐色病斑,略凹陷。病斑蔓延后可导致枝条死亡。天气潮湿时,病斑表面可出现橘红色小点,叶片发病后呈纵筒状卷曲。

(二)发生规律

病菌以菌丝体在病枝或病果内越冬,翌年早春当平均气温达 10 ~ 12 ℃、相对湿度达80%以上时,病斑开始产生分生孢子,孢子借风雨转播,落到幼果、新梢、叶片上,形成初次侵染,5 月中旬至 6 月中旬为发病盛期。病害发生和降雨密切相关,发病期间连续降雨,病菌的重复侵染使病害加重流行。树冠相对郁蔽、偏施氮肥的发病较重。

(三)防治方法

1. 农业防治

加强栽培管理,合理施肥,及时排除果园积水,夏季及时去除直立徒长枝,改善树冠通风透光条件。

2. 清除病源

冬季修剪时,彻底剪去干枯枝和残留在树上的病僵果,集中烧毁。

3. 化学防治

在花芽膨大期,喷洒1:1:600波尔多液,或5度石硫合剂。落花后及时喷洒杀菌剂,可用70%甲基托布津可湿性粉剂1 000倍液、50%多菌灵可湿性粉剂800倍液、40%炭特灵可湿性粉剂600倍液、75%百菌清可湿性粉剂1 000倍液。根据天气情况,可间隔10~15 d喷1次药,注意不同药剂应轮换使用。

二、桃褐腐病

桃褐腐病又叫菌核病、果腐病,是桃树的主要病害之一。该病为世界性病害。在我国各地均有发生,特别是江淮流域至江浙一带,每年都有发生,在多雨年份发病更重。病害主要为害果实,引起果实腐烂,也为害花、叶和枝条。

(一)症状

果实从幼果期到成熟期以及储运期均可发病。病菌感染果实后果实表面形成小的褐色或黑色圆斑,后急速扩大为圆形大斑,并迅速扩展到全果,果实全部腐烂,果肉呈褐色,表面生出灰褐色霉层。除少部分病果脱落外,大部分病果干缩成褐色或黑色僵果,挂在枝条上经久不脱落。花瓣感病后,柱头最初出现褐色斑点,逐渐蔓延至花萼和花柄,整个花朵表现为枯萎变褐,长出灰色霉层,病花最后干死,附着在枝条上不脱落。枝条被害处初期形成灰褐色病斑,斑边缘紫褐色,后期凹陷,湿度大时还会产生霉丛,当病斑扩展环绕枝条一周时,枝条即死亡,并常伴随流胶发生。

(二)发生规律

病菌以菌丝体在僵果、溃烂枝条、果柄、枝条和萎蔫的花等部位越冬。春季温度回升至 10 ℃ 以上,可产生大量分生孢子,随虫、花粉或者风雨传播。病菌主要通过病虫和机械伤口侵入,也可经柱头、蜜腺、气孔、皮孔侵入,病果和健果接触也可传染。该病原菌丝最适宜的生长温度为 24 ~ 25 ℃,最适宜流行温度为 21 ~ 27 ℃。该病害发生状况与虫害密切相关,果园虫害严重时该病害发病严重,因此也要注意防治虫害。

(三)防治方法

1. 清理桃园

清理桃园是防治该病害的重点。结合冬剪,彻底清除树上病僵果、病枝,地面清扫落叶,集中深埋或烧毁。同时,清除桃园周围其他寄主植物病株,减少侵染源。

2. 防治果实虫害

由于伤口是该病害侵入果实的主要途径,因此及时防治桃蛀螟、梨小食心虫等蛀果害虫,防止造成伤口,减少侵染途径。

3. 及时采用化学药剂防治

花期前后,落花后如果连续阴雨应重视防治,可喷洒 50% 多菌灵可湿性粉剂 1 000 倍液,或 70% 甲基托布津可湿性粉剂 1 000 倍液 1 ~ 2 次;生长期结合其他病害防治,可喷施 80% 大生 M - 45 可湿性粉剂 800 倍液、70% 代森锰锌可湿性粉剂 1 000 倍液、50% 代森铵水剂 1 000 倍液,降雨后喷施 50% 多菌灵可湿性粉剂 600 倍液。一般果实发育期不需要进行防治。果实接近成熟期,是田间防治的关键时期。根据天气情况喷药,晴天可喷洒 50% 扑海因可湿性粉剂 1 000 ~ 2 000 倍液杀菌剂,也可用 70% 代森锰锌可湿性粉剂 1 000 倍液、65% 代森锰锌可湿性粉剂 500 倍液。雨后及时喷洒 50% 多菌灵可湿性粉剂 600 倍液。

三、黑星病

黑星病又称疮痂病、黑点病、黑痣病等。黑星病为世界性病害,在我国各地均有发生。主要危害果实,也能危害果梗、新梢和叶片。该病除为害桃外,还为害梅、杏、李、樱桃等多种核果类果树。

（一）症状

该病能够侵染枝梢、叶片和果实，并且在果实上为害最为严重。果实发病最初出现暗绿色至黑色圆形小斑点，逐渐扩大至直径为 2 ~ 3 mm 病斑，周围始终保持绿色，严重时病斑聚合连片成疮痂状，果实近成熟时病斑变成紫黑色或黑色，直径达 5 ~ 10 mm，但该病变只限于果实表皮，病部果皮停止生长，而果皮内部还在不断增长。因此，病斑往往开裂，但裂口浅而小，一般不会引起果实的腐烂。病斑一般发生于果实肩部或果实阳面，使果实失去商品价值。枝梢受害最初表面发生紫褐色长圆形斑点，后期变为黑褐色稍隆起，并常发生流胶，最后在病斑表面密生黑色小粒点，病斑也限于表皮。叶片受害往往在叶背呈现多角形或不规则形灰绿色病斑，逐渐变为深绿褐色，最后病部转为紫红色，一般不导致落叶。

（二）发病规律

病原菌以菌丝体在枝梢感病组织内越冬。翌年春季，气温上升到 10 ℃以上、湿度达到 70% ~ 80% 时，菌丝开始生长繁殖，在最适温度为 20 ~ 28 ℃条件下产生新的分生孢子。病菌借雨水、雾滴、露水等载体进行传播。病原菌通过果皮表面侵染，而且病斑上的病菌会重复侵染果实。病原菌发育温度为 2 ~ 32 ℃，最适温度为 24 ~ 25 ℃。5 ~ 6 月多雨、潮湿时发病最重，果园郁闭度大、光照不良或通风透气性差时也容易加重该病的发生。一般南方地区 6 ~ 7 月进入发病高峰期，北方地区 7 ~ 8 月进入发病高峰期。由于病菌侵入寄主后潜伏期较长，因此田间表现为早熟品种发病轻，中熟品种稍次，晚熟品种较重。

（三）防治方法

1. 加强栽培管理

注意桃园通风透光和排水，桃树栽植密度要适宜，加强夏季管理，雨季桃园及时排水，降低田间湿度。

2. 清除病原

结合冬季修剪，剪除病枝并集中烧毁。

3. 化学药剂防治

萌芽前喷施 45% 晶体石硫合剂 50 倍液。落花后半月至初夏，每

10～15 d 喷药 1 次,连续喷施 3～4 次。可选用 50% 苯菌灵可湿性粉剂 1 500 倍液,或 12.5% 特谱唑可湿性粉剂 1 200 倍液,或 50% 福星乳油 1 000 倍液。在 6 月症状出现后,可及时喷 12.5% 特谱唑可湿性粉剂 2 000 倍液,或 50% 福星乳油 1 000 倍液。间隔半个月左右连喷 2 次,病害可得到较好控制。

四、根癌病

根癌病是桃树栽培的重要病害,不仅大树可以发病,而且苗圃中桃苗也可以发病。该病病菌感染力强,可侵染多种植物,导致树势衰减。

(一)症状

病瘤发生于桃树的主根、根颈等部位。其中,根颈部位长出病瘤最为普遍,少的有 1～2 个,多的有 10 个以上。病瘤直径最大可达 20 cm 以上,小的则有绿豆大小。初生的瘤表面光洁,乳白色,生长迅速,最后变成深褐色,表面粗糙,凹凸不平,内部坚硬。老熟根瘤脱落后,在其附近产生次瘤,继续危害寄主。发病植株表现为地上部生长受阻,树体发育不良,树势衰弱,叶片薄而发黄,严重时整个植株死亡。

(二)发病规律

病菌在根瘤和土壤中越冬,苗圃地发病较为普遍。主要依靠雨水、灌溉水、地下害虫、线虫、土壤移动等传播,嫁接、苗木运输也可传播此病。病菌从桃根皮孔上进入,也可从根系的伤口处侵染,并逐步蔓延进入细胞之间,使邻近的细胞变形,开始异常分裂,产生小的瘤状物,并扩大成粗大的根瘤。

(三)防治方法

避免桃园苗圃地反复重茬,减少土壤遗留病菌的感染机会。苗圃嫁接时,抬高嫁接口,防止土壤病菌飞溅到接口传染。选择疏松和较干燥的土壤作为苗圃地,严防积水。发现根瘤苗木应集中烧毁。建园时,选择无根瘤病的健壮苗木定植,杜绝病苗带菌定植新园。苗木定植前,用 3% 次氯酸钠溶液浸根 3～5 min,或用 1% 的硫酸铜溶液浸 5 min 后,再放到 2% 石灰液中浸 2～3 min 进行消毒,园内要做好排水防涝工作。

五、桃根结线虫病

桃根结线虫病又称为根瘤线虫病,是一种土壤传播病害,该病于苗圃地发病较多。

(一)症状

根结线虫病主要在桃根部形成,小且数量较多,这是本病的重要特征。根瘤开始较小,白色至黄白色,以后扩大成节结状或鸡爪状,色泽变为黄褐色,表面粗糙不平。病株根系较正常植株短,侧根、须根少。发病初期地上部分症状不明显,危害严重时,叶片变黄,树势衰弱。

(二)发病规律

以卵或2龄幼虫于寄主根部或土壤中越冬,次年2龄幼虫由寄主根部侵入根内,在根系生长过程中,该虫在新生组织细胞间不断分泌刺激物质,使寄主细胞壁溶解,形成巨型细胞,产生根瘤。

(三)防治方法

实施水旱轮作,避免重茬。选择鸡粪、棉籽饼等肥料,有抑制根结线虫的作用。硫酸铵、碳酸氢铵及未腐熟的树叶、杂草肥料有助于该病的发生。因此,树叶等肥料要充分腐熟。苗圃在桃核播种前用10%克线丹颗粒剂3~5 kg/亩对土壤进行消毒。在苗期,用50%辛硫磷乳油500倍液或190%敌百虫晶体800倍液浇灌根部,可杀死线虫。

六、桃煤污病

桃煤污病又名煤烟病,是由真菌引起的病害。危害桃树叶片、果实和枝条,多雨季节发生最为严重。影响光合作用,降低果实商品价值。

(一)症状

果实、叶片感病后,初呈污褐色、圆形或不规则形霉点,后形成煤烟状煤层,可布满果实、叶片,严重影响果品商品质量,并影响叶片光合作用,导致叶片提早脱落。

(二)发生规律

煤污病以菌体和分生孢子在病叶、病芽以及土壤植物残体上越冬,第二年春季产生分生孢子,可借风雨或蚜虫、介壳虫和粉虱等昆虫传播蔓延。连阴雨,树冠郁蔽,湿度大,通风透光差,以及蚜虫等刺吸式口器昆虫多的桃园,往往易于发病。

(三)防治方法

1.加强栽培管理

加强夏季管理,改善桃园的通风透光条件,雨后及时排水,降低果园湿度。

2.及时防治病虫害

及时防治蚜虫、介壳虫,减少病菌繁殖的天然培养基。

3.化学药剂防治

在发病初期喷药防治,可喷施40%多菌灵胶悬剂600倍液,或12.5%烯唑醇可湿性粉剂2 000倍液,或50%多霉灵可湿性粉剂1 500倍液,或70%代森锰锌可湿性粉剂1 000倍液,或65%抗霉灵可湿性粉剂1 500~2 000倍液,或40%克菌丹可湿性粉剂400倍液,或40%大富丹可湿性粉剂500倍液,或50%苯菌灵可湿性粉剂1 500倍液等药剂。

七、桃树侵染性流胶病

桃树侵染性流胶病又称干腐病、疣皮病,由真菌引起,主要为害枝干、果实,造成果品质量降低,严重时抑制果树生长,降低果实产量,甚至引起死枝死树。

(一)症状

1年生染病,初产生疣状小突起,逐渐扩大,形成瘤状突起物,其上散生针头状小黑粒点。当年不发生流胶现象。翌年5月上旬,病斑再扩大,瘤皮裂开,溢出树脂,初为无色薄而有黏性的软胶,不久变为茶褐色结晶状,吸水后膨胀为冻状的胶体。被害枝表面粗糙变黑,并以瘤为中心逐渐下陷,形成圆形或不规则形病斑,其上散生小黑点,严重时枝条凋萎枯死。多年生枝干受害树皮表面龟裂、粗糙。后瘤皮开裂陆续溢出树脂,透明、柔软状,树脂与空气接触后,由黄白色变成褐色、红褐色至茶褐色硬胶块。果实发病,湿度大时由果核内分泌黄色胶质,溢出果面,发生流胶现象,病部硬化,有时龟裂,严重影响桃果品质和产量。

（二）发生规律

以菌丝体、子囊壳或分生孢子器在被害枝条、地面落叶、烂果以及土壤中越冬,翌年春季产生分生孢子。生长季节通过芽、芽痕、托叶和果实或直接通过嫩梢侵入。秋季通过叶痕侵入,引起叶片黄化和萎蔫。病原菌生长的最适宜温度为 29~30 ℃,适宜侵染温度为 5~15 ℃。

（三）防治方法

1. 加强检疫

严禁从病区调运带病苗木。

2. 农业防治

加强桃园管理,低洼积水地注意开沟排水,增施磷、钾肥,避免氮肥施用过量和偏施氮肥。控制树体负载量,以增强树势,提高抗病力。

3. 清除菌源

结合冬剪彻底清除被害枝梢。桃树萌芽前,用抗菌剂"402"100 倍液涂刷病斑,杀灭越冬病菌,以减少初侵染菌源。桃树未开花时剪刮除病斑上的胶块,用 50% 退菌灵 50 g + 50% 硫悬浮剂 250 g 混合涂病斑。

4. 化学药剂防治

在桃树生长期喷洒 50% 多菌灵可湿性粉剂 800 倍液,或 50% 混杀硫悬浮剂 500 倍液,或 50% 苯菌灵可湿性粉剂 1 500 倍液,或 85% 敌菌丹可湿性粉剂 800 倍液,或 70% 甲基托布津可湿性粉剂 1 000 倍液。

八、桃缩叶病

桃缩叶病是一种世界性病害,但由于杀菌剂的广泛使用,除局部高湿地区发生外,危害已经不严重。该病害可引起早期落叶,不仅影响当年产量,而且还影响翌年花芽形成,甚至导致树势削弱早衰。该病害除侵染桃外,还侵染李和扁桃。

（一）症状

缩叶病主要危害叶片,但严重时也危害花、嫩梢和幼果。幼叶感病后叶片局部褪绿,其中叶肉组织被刺激,使其发生不规则细胞分裂,病叶变厚,叶片边缘向内反卷,叶表面凹凸不平,有皱褶感。病叶感病不久,即变为红色或紫红色,随后叶绿完全消失,叶片的色泽由绿色变为黄红色或黄褐色。此时在叶片表面产生灰色粉状物,病叶变褐,叶片变脆,干枯脱落。枝条感病后,嫩枝呈灰绿色至黄绿色,节间缩短,病部肿大,感病枝条上病叶丛生,受害严重的枝条甚至会枯死。幼果感病后,果实表面形成不规则小瘤状突起病斑,果实长大后发生龟裂,甚至发生脱落。

(二)发病规律

病原菌于树皮、枝条或芽鳞上越冬,翌年春天当温度回升 10 ℃ 以上时,桃树开始发芽,越冬孢子萌发产生芽管,经表皮或气孔侵入嫩叶,进行初侵染。病原菌生长的最适温度为 7 ~ 30 ℃,侵染在 10 ~ 21 ℃ 均可发生。病菌以侵染幼嫩组织为主,幼嫩叶片最容易感病。发病轻重与早春的气候条件密切相关,在冷凉潮湿天气下发病严重。不同品种之间对该病抗性不同,一般早熟品种易感病,晚熟品种较抗病。

(三)防治方法

1. 农业防治

加强树体管理,增强树体活力,及时灌溉、增施氮肥,促使叶片快速成熟,增强抗病能力。

2. 化学药剂防治

在芽膨大未开放前及时喷 1 次 5 波美度石硫合剂,展叶后喷 70% 代森锰锌可湿性粉剂 500 倍液,或 30% 绿得保胶悬剂 300 倍液,或 45% 晶体石硫合剂 30 倍液,或 65% 代森锰锌可湿性粉剂 300 ~ 500 倍液。一般喷施 2 ~ 3 次,叶片老化成熟后即很少感病。

九、细菌性穿孔病

细菌性穿孔病是我国桃树的主要病害之一,尤其在多雨地区或多雨年份,常会导致大量落叶,削弱树势,影响果实品质和产量。

(一)症状

细菌性穿孔病主要危害叶片,也可危害新梢和果实。病叶发病初期出现黄白色半透明水渍状的小斑点,扩大后为圆形或不规则斑点,斑点由黄白色逐渐变为浅褐色至紫褐色,病斑四周为浅黄绿色环晕,随后病斑干枯形成裂缝,并开始脱落,在叶片上形成穿孔,因此得名穿孔病。

新梢被害时,形成圆形或椭圆形病斑,并逐渐加重形成凹陷龟裂病斑。果实被害后,初为水渍状小圆斑,随后扩大为暗褐色凹陷病斑,遇到空气湿度大时,病斑处产生黄色黏液,干燥时病斑发生龟裂。

（二）发病规律

病菌在被害枝条皮层组织内越冬,翌年春天随气温上升,潜伏的细菌开始活动,最适活动温度为 20 ~ 25 ℃,在桃树开花时病菌开始繁殖,并借风雨、昆虫传播,危害新叶、果实和枝条。该病在降雨频繁、多雾、湿度大的气候条件下发生严重,虫害严重时也容易暴发此病,初次侵染的病斑会迅速蔓延扩大发病,繁殖新的病菌进行再次侵染。

（三）防治方法

加强园内管理,培养健壮树体,提高抗病能力。降低地下水位,抬垄定植,深沟排水。加强夏季管理,做好园内通风透光,降低园内空气湿度。适时防治虫害,减少传播途径,冬季修剪时,彻底清除枯枝落叶,集中烧毁,消灭越冬病原。

杏、李等核果类果树容易感染该病,应与桃园进行隔离,如发现园内或园外邻近有李、杏,应重点做好病害防治工作,防止该病的传播蔓延。桃树萌芽前喷 3 ~ 5 波美度石硫合剂或 1∶1∶100 波尔多液,展叶 2 ~ 3 片后喷 70% 代森锰锌可湿性粉剂 500 ~ 600 倍液或喷布硫酸锌石灰液(硫酸锌 0.5 kg、消石灰 2 kg、水 10 kg)1 ~ 2 次。

第二节　主要虫害的发生及防治

一、蚜虫

（一）桃蚜

1. 危害症状

桃蚜别名腻虫、烟蚜、赤蚜、油汗等,分布十分普遍,是桃、杏和李树的重要害虫,对油桃危害最为严重。春季桃树萌芽长出叶时,群集在树梢、嫩芽和幼叶背面刺吸营养。被害叶出现小斑点,逐渐变白,向背面扭曲,卷成螺旋状,使桃叶片营养恶化,甚至引起落叶。新梢不能生长,影响产量及花芽形成,削弱树势。同时,蚜虫排泄物常造成煤污病,加速早期落叶,影响生长。

2. 发生规律与生活习性

桃蚜一年发生 10 余代甚至 20 余代。以卵在枝梢芽腋、裂缝、小枝杈或枝梢皱纹伤疤处产卵越冬。第二年 3 月下旬后孵化,开始为害。桃蚜的适宜温度范围是 7 ~ 29 ℃,当连续 5 d 的平均气温高于 26 ℃ 或相对湿度低于 40% 时,桃蚜数量下降。

3. 防治方法

1）清理虫源植物

清洁果园场地,拔掉杂草和各种残株,清理田间落叶并焚烧。结合冬季修剪剪除并烧毁带卵枝条。

2）加强田间管理

创造湿润而不利于蚜虫滋生的田间小气候。

3）黄板诱蚜

在果园周围悬挂黄板诱杀蚜虫。

4）使用桃蚜天敌

寄生蜂、七星瓢虫、龟纹瓢虫、大绿食蚜蝇、普通草蛉、大草蛉、小花椿等均为桃蚜天敌,可有效防治桃蚜。

5）化学药剂防治

桃树开花前,使用 50% 抗蚜威 1 000 倍液,或 2.5% 溴氰菊酯 2 000 倍液等喷施。桃树落花后,使用 10% 吡虫啉可湿性粉剂 1 000 倍液,或 2.5% 高效氯氰菊酯乳油 1 000 倍液。

（二）桃粉蚜

1. 危害症状

桃粉蚜分布较广,在我国华北、华东、东北及长江流域均有发生。主要为害桃、李、梨、樱桃和梅等果树。桃粉蚜经常和桃蚜混合发生,危害桃树叶片。桃粉蚜以成虫、若虫群集于新梢和叶背刺吸汁液,使受害叶片呈花叶状,向叶背对合纵卷,卷叶内虫体被白色蜡粉,影响光合作用,同时易引发煤污病。嫩梢受害后生长缓慢或停止,严重时甚至枯死,导致树势早衰,影响当年果实生长发育,并且影响翌年开花结果。

2. 发生规律

桃粉蚜每年发生 10~25 代。以卵在小枝杈处、腋芽及裂皮缝处越冬。第二年桃树萌芽时,卵开始孵化,取食新叶。4 月下旬至 5 月上旬,桃树新叶长势旺盛,营养条件好,温度也适宜,是桃粉蚜繁殖的旺盛季节,为害最为严重。桃粉蚜的发生与温度、湿度、降雨和天敌等密切相关。最适繁殖温度为 22~26 ℃。降雨对枝梢桃粉蚜具有冲刷作用,会减少其数量。早春季节空气温暖湿润有利于桃粉蚜的发生。

3. 防治方法

桃粉蚜防治方法同桃蚜。

二、桃小食心虫

(一)危害症状

桃小食心虫又叫桃小食蛾、桃蛀果蛾等。分布于东北、西北、华北等地区。幼虫仅危害桃果时,从幼果胴部或肩部蛀入果内,幼虫蛀入果实内后,在果皮下纵横蛀食果肉,虫孔流出水珠状果胶,干涸后呈现白色蜡质膜。随着果实生长虫孔变小,成为小黑点,果面凹陷。果实变形,形成畸形果,果内充满虫粪,俗称"豆沙馅"。

(二)发生规律

桃小食心虫发生世代因地域而不同。河南 1 年发生 2~3 代。河北以北 1 年发生 1~2 代,以老熟幼虫在土内做扁圆形冬茧越冬。幼虫于次年 5 月中旬开始出土。幼虫出土时间和数量与降水量和降水次数密切相关,尤其雨后出土最多。出土后的幼虫在树干基部的裂缝及土块缝隙等处结成圆形夏茧化蛹。6 月下旬至 7 月上旬为成虫羽化盛期。第一代成虫 7 月中旬至 9 月上旬开始羽化,盛期为 8 月中旬。

(三)防治方法

1. 人工摘除虫果

在果园内经常巡查,一旦发生虫果,及时摘除,并捡拾干净地面落果,加以深埋,以减少下一代桃小食心虫虫源。

2. 地面覆盖树盘

在越冬幼虫出土前,用地膜覆盖树盘,防止越冬成虫飞出产卵,避免果实受害。

3. 成虫诱杀

在果园内设置桃小食心虫性诱剂诱捕装置,诱杀成虫,可以有效减少桃小食心虫危害。

4. 利用天敌

桃小食心虫有 10 多种天敌,可以利用其天敌如桃小食心虫甲腹茧蜂等防治桃小食心虫。

5. 化学药剂防治

卵期和幼虫孵化期用 50% 杀螟松 1 000 ~ 1 500 倍液、50% 马拉硫磷 1 500 倍液、20% 桃小净 1 200 倍液等进行防治。

三、梨小食心虫

(一)危害症状

梨小食心虫又名梨小蛀果蛾、东方蛀果蛾、桃折梢虫、黑膏药、水眼等。在各地普遍分布。主要寄主植物为梨、桃、李、苹果、樱桃、山楂等。在梨和苹果上主要为害果实,对桃主要为害当年新梢。桃树受害梢端中空,枝梢外有胶汁及虫粪排出,嫩枝顶部枯萎下垂,影响枝条的生长发育。

(二)发生规律

梨小食心虫在我国长江、黄河流域为害比较严重。在华北每年发生 3 ~ 4 代,在华南发生 6 ~ 7 代。而河南省每年发生 4 ~ 5 代,以老熟幼虫在老翘皮下、树皮裂缝中、树杈、锯口、树冠下的表土内等处结茧越冬。越冬幼虫一般在 4 月即开始化蛹,4 月上旬成虫羽化,羽化盛期为 5 月下旬。第二代成虫则在 7 月中旬至 8 月下旬发生。第一、二代幼虫主要危害桃梢,第三代以后的各代幼虫,主要为害果实。

(三)防治方法

1.农业防治

冬春季刮除树干老翘皮,去掉越冬虫卵和幼虫。及时剪除被害梢并烧毁,减少虫源。

2.诱杀防治

成虫对黑光灯有一定趋性,对糖醋液有较强趋性,可以用来诱杀梨小食心虫成虫。

3.生物防治

人工释放松毛赤眼蜂,每公顷释放总量为150万头,可有效控制梨小食心虫为害。

4.化学药剂防治

化学药剂防治即喷药防治,在4月中旬至5月中旬,使用20%杀灭菊酯乳剂3 000倍液,或5.7%氟氯氰菊酯4 000倍液,或2.5%敌杀死乳剂3 000倍液,或2.5%功夫乳油3 000倍液,或30%桃小灵2 000倍液等,抑制第一、二代幼虫为害。

四、山楂叶螨

(一)危害症状

山楂叶螨别名山楂红蜘蛛、樱桃红蜘蛛等。分布于东北、西北、华北等地区。主要为害蔷薇科植物,如桃、山楂、苹果、杏、李、樱桃等。山楂叶螨常群集于叶背和初萌发的嫩芽上吸食汁液。一方面,造成叶片水分丧失;另一方面,破坏叶片气孔结构、栅栏组织及叶绿体,使寄主生理异常。叶片受害后表现为叶片出现黄白斑点,甚至出现干枯脱落。影响果树生长发育,导致寄主花芽减少、果实变小,降低果实品质和质量。

(二)发生规律

在黄河故道地区1年发生8~9代,以受精冬型雌成虫在树皮裂缝中、老翘皮下和树干基部的土缝中越冬。次年寄主花期膨大时，开始出蛰活动，多集中在花、嫩叶、幼叶等幼嫩组织上为害。随后，于叶背面结网产卵，以背主脉及其两旁产卵最多。

（三）防治方法

1.人工防治

秋后普遍清扫果园，结合冬季修剪和刮树皮，彻底剪除枯桩，刮除老翘皮。8月至9月初，在树干上绑草诱集越冬雌成虫，于冬季集中烧毁。

2.生物防治

利用山楂叶螨天敌昆虫进行防治。山楂叶螨主要天敌有东亚小花蝽、深点食螨瓢虫和塔六点蓟马等。注意保护天敌，不使用对天敌有伤害的化学药剂。

3.化学药剂防治

花前是进行药剂防治叶螨和多种害虫的最佳施药时期，在做好虫情测报的基础上，及时全面进行药剂防治，可控制在为害繁殖之前。使用45%晶体石硫合剂300倍液混35%氧乐氰乳油2 000倍液，或40%水胺硫磷乳油1 500~2 000倍液，或10%天王星乳油6 000~8 000倍液，或20%灭扫利乳油3 000倍液，或50%硫黄悬浮剂200倍液，或5%霸螨灵悬浮剂1 000~2 000倍液等。

五、桃潜叶蛾

（一）为害症状

桃潜叶蛾主要分布在河南、山东、河北、陕西、宁夏、甘肃、青海等地。主要为害桃、杏、李等核果类果树。幼虫在叶内窜食，使叶片上呈现出弯弯曲曲的白色或黄色虫道，使叶片枯死脱落。同一区域内，一般外围树受害重，中间树受害轻。

（二）发生规律

成虫在桃园附近的梨树、杨树等树皮内，以及杂草、落叶、石块下越冬。第2年桃树展叶后成虫羽化,产卵于叶表皮内。老熟幼虫在叶内吐丝结白色薄茧化蛹。5月上旬发生第1代成虫,以后每月发生1次,最后1代发生在11月上旬。8~10月为害最重。

(三)防治方法

1. 冬季清园

清洁桃园,彻底扫除落叶,并集中深埋或烧毁,消灭越冬幼虫。

2. 性诱剂诱杀成虫

将诱捕器挂于桃园中,每亩挂5~10个。不但可以诱杀成虫,还可以预报害虫发生情况,指导化学药剂防治。

3. 化学药剂防治

成虫发生期喷施50%乙酰甲胺磷乳油1 000倍液,或2.5%溴氰菊酯3 000倍液,或20%杀灭菊酯2 000倍液等,均可收到良好效果。

六、桃小绿叶蝉

(一)为害症状

桃小绿叶蝉又称一点蝉、桃浮尘子,分布于河南、河北、山东等地。主要寄主为桃和杏,也可为害李、苹果、梨、柑橘等。成虫和若虫群集于叶片背面,吸食汁液,被害处出现白色斑点,严重时斑点相连,叶片呈苍白色,焦枯并提前落叶,使树势衰弱,同时影响花芽分化和树体生长。

(二)发生规律

桃小绿叶蝉一年发生4~6代,以成虫在落叶内或桃园附近的常绿树叶丛如侧柏、桧柏、马尾松等中越冬。第一代成虫发生于6月初,第二代发生于7月上旬,第三代发生于8月中旬,第四代发生于9月上旬,第四代成虫于10月间,在绿色草丛间、越冬作物上或常绿树丛中越冬。

(三)防治方法

1. 农业防治

在秋冬季节,彻底清除落叶,铲除杂草,要集中烧毁,以消灭越冬幼虫。对周边常绿植物喷洒石硫合剂或其他杀虫剂。合理修剪,改善通风透光条件。进行果实套袋,减少桃小绿叶蝉为害果实的机会。

2.生物防治

保护和引放天敌,同时避免使用对桃小绿叶蝉天敌有害的化学药剂。

3.化学药剂防治

喷施20%甲氰菊酯2 500倍液,或5%高效氯氰菊酯乳油2 000~3 000倍液,或10%联苯菊酯3 000倍液,或10%吡虫啉1 000倍液,或20%叶蝉散乳油等,均可起到良好的防治效果。

第九章 桃的采收及商品化处理

桃皮薄、肉软、多汁,是典型的呼吸跃变型果实,而采收主要集中于5~8月高温季节,容易出现软化腐烂,储运过程也容易受机械损伤。因此,桃的采收及商品化处理对取得较高经济效益尤为关键。桃果的商品化处理又包括分级、清洗、包装、预冷、储藏和营销等众多环节。

第一节 桃果采收

桃果采收是桃生产中的最后一道工序,也是商品化处理开始的第一个环节。在采收中最主要的是采收成熟度和采收方法,它们与桃果的产量和品质有密切关系。因此,采收质量的好坏直接关系到桃果的商品率和销售价格。桃果采收的基本要求是适时、适熟和无伤。

一、确定采收期

确定桃的采收期,应该考虑桃的采后用途、运输距离和销售期等。目前,生产上桃果采收的突出问题是采收期过早。桃果采摘过早,果实着色不好,果肉生硬,风味淡或略带涩酸、苦味,果实易失水皱缩,并且果实产量也有一定的损失。桃果采摘过晚,果实成熟度过高,果实软化,品质下降,且软化的果实不耐运输和储藏,容易发生挤压碰伤,造成严重损失。因此,桃果的采收期可根据销售距离的远近和采后用途进行选择。

(一)远距离运输和储藏的桃果

远距离运输和需要储藏一段时间再销售的果实可提早采收,在果实七成熟时即可采收。七成熟时,桃果绿色大部分褪去,白桃品种底色呈浅绿色,黄桃品种底色呈黄绿色,并开始出现彩色,茸毛稍密,果肉硬度较高,还不能充分体现果实固有风味。这时的果实保持较高硬度,经过采摘、分拣、储藏、运输、销售等一系列环节后,到达消费者手中时正好是果实最佳食用阶段。

(二)近距离运输的桃果

近距离销售的桃果可在八成熟时采收。八成熟的桃果绿色基本褪去,白桃品种底色呈绿白色,黄桃品种底色呈绿黄色,彩色加重,茸毛变稀,果肉软硬适度,出现弹性,品种典型风味已表现出来,并有桃香味溢出。

(三)就近销售的桃果

就地销售的桃果可在八至九成熟时采收。九成熟的桃果绿色完全褪去,不同品种呈现其应有的底色(白色、乳白色、金黄色)和彩色(从鲜红到各种红色的晕、霞、条纹、斑点等),果面茸毛脱落,外表光洁,果肉变软,弹性或柔软度增加,品种的典型风味出现,桃香味浓郁。

(四)罐藏加工的桃果

用于加工罐头的品种(果肉不溶质)应该在八至九成熟时进行采收,而鲜食加工兼用品种则可在七至八成熟时采收。

(五)油桃果实采收期

油桃果皮光滑、没有茸毛,并且有些品种从幼果期开始就全面着红色,所以果实成熟度无法用色泽变化判断。因此,油桃品种的果实要根据果实发育期(从开花到果实成熟)的长短、果肉硬度、弹性、芳香、风味等综合因素来确定果实的采收时间。

二、分批采收

同株树上在树冠中不同部位和不同类型果枝着生的果实成熟的时间也不一样。一般树冠上部果实成熟较早,因此采收时先采成熟的果实,使未成熟的果实充分发育膨大后再采,可以提高果实产量和质量。因此,桃果要分批次采收,才能收到优质高产的效果。

三、采收时间

采收应在晴天进行。采前不宜灌水,不宜在雨天、有雾和露水未干时进行。因这些时候采收的果实果面潮湿,便于病原体微生物入侵,易造成果实腐烂。必须在雨天、雾天和有露水时采收的果实,应将果实放在通风处尽快晾干。一天中的采摘时间最好在晨雾消失、晨露干后的午前或傍晚进行,应避免在炎热的中午、午后采收桃果。因为这时果温高,田间热,储藏运输环境温度高,果实呼吸作用强,易使果实腐烂。

四、采收前的准备工作

为了提高好果率,应尽量避免人为造成的机械损伤。桃果不耐储藏、运输,采前要做好储运、销售计划,保证采收后及时处理,避免果实积压。采果用的筐篮要用海绵或干草等软物垫好,以免刺伤果实。每一筐篮的盛装量不宜过多,一般以 5 kg 左右为宜,太多易挤压果实,引起机械损伤。采果人员应剪短指甲或戴手套,穿软底鞋,尽可能多用梯凳,少上树,以便少碰落果实,保护枝干、果枝和叶片。

五、采摘方法

采果前在一株树下先拾净树下落果,减少踏伤造成的损失,并将落果单独存放。采果时,应先采树冠外围和下部,后采内膛与上部的果实,并注意逐枝进行。这样既可以防止漏采,也可减少碰伤果实。桃的果实多数较柔软多汁,采收时工作人员应戴好手套或注意剪短指甲,以免划伤果皮。采时要轻采轻放,不可用手指压捏,不能强拉果实,应该用手托住果子微微扭转,顺果枝侧上方扭转,全掌握果顺枝向下摘取,注意防止折断果枝。蟠桃底部果柄处果皮易撕裂,采摘时尤应注意。另外,采摘时要带果柄。采果篮子不宜过大,以 5 kg 装为宜。树上采收的顺序是由外向里、由上往下逐枝采收。采收后,将果实及时放置于阴凉通风处或树荫下暂时存放,防止受强光暴晒失水。

第二节　桃果的标准

优质高档桃果必须符合下列标准。

一、外观品质标准

外观品质标准包括果实大小、形状、色泽、新鲜度等。

（一）果实大小

根据高档桃果市场的需要,成熟期不同的桃果大小有所差异,其标准如下:极早熟品种的单果重应在100~120 g,横径在5.5~6.0 cm;早熟品种的单果重应在130~150 g,横径在6.0~6.5 cm;中、晚熟品种的单果重在180~250 g,横径在6.5~8.0 cm。油桃和蟠桃优质果果个大小的标准可适当降低。

（二）果实形状

优质高档桃果应具有其品种的果形特征。优质桃果要求果实圆正,缝合线两侧对称,果顶平整。蟠桃的果顶凹陷2~3 mm。

（三）果实色泽

优质高档桃果应具有品种成熟时的色泽和着色面积,且底色洁净,着色鲜红而有一定的光泽。一般认为着色面积越大越好。

（四）果实新鲜度

优质高档桃果要求新鲜度高,果面无任何伤痕。

二、风味品质标准

风味品质是人们通过品尝对果味做出的综合评价,它主要受固酸比和可溶性固形物含量的影响。

（一）固酸比

我国消费者多喜食甜桃,而西方国家的消费者则喜食带有酸味的桃果。因此,优质高档桃果的固酸比标准因消费者的习惯而异。

当固酸比达50时,桃果风味纯甜;当固酸比为33时,桃果风味酸甜(甜味多,酸味少);当固酸比为25时,桃果风味甜酸(甜味少,酸味多);当固酸比达17时,桃果风味酸。

（二）可溶性固形物含量

果实的可溶性固形物含量与品种的果实发育期有关,因此可依果实的成熟期不同制定不同的标准。极早熟品种的可溶性固形物含量≥8%,早熟品种可溶性固形物含量≥9%,中熟品种可溶性固形物含量≥11%,晚熟品种可溶性固形物含量≥12%。

三、理化品质标准

理化品质也叫营养品质,是指经过化学分析得到的果实糖、酸、维生素 C、胡萝卜素、蛋白质等的绝对含量。随着人们饮食结构的改变和生活水平的提高,消费者对桃果不但要求外观艳丽、味道鲜美,而且还要求含有较高的营养物质,尤其是维生素 C、微量元素含量等。

四、卫生质量标准

卫生质量标准是指果实中各种农药的允许残留量必须达到国家卫生质量标准。卫生质量关系到消费者的健康,因此要严格把控,使生产桃果达到国家标准。尤其是在对外出口贸易中,出口桃果必须达到进口国卫生质量标准。

第三节　桃果的商品化处理技术

由于桃果实在生长发育过程中受到多种外界因素的影响,同一植株,甚至同一枝条的果实也不可能一样。而从若干果园收集来的果品,必然大小不一、良莠不齐。为了便于按级定价、收购、包装、运输和销售,保证桃果上市后的优质优价,必须对桃果进行挑选和分级等商品化处理。

一、挑选

采摘后的桃果,要尽快按照优质高档果的标准进行挑选分级,选果工作人员必须戴手套,挑选时应轻拿轻放,以免造成新的损伤。每检查1个果子,在拿起果实前先看清它的暴露面,然后轻轻拿起看它的另一个面,切忌把果实拿在手中来回翻滚,压伤果面。将等外果(小果、病虫果、压伤果、刺伤果、畸形果、小青果、裂果等)和成熟度过高的果实分别存放,另作处理。为了降低成本、节省人力,一般挑选常常与分装、包装相结合,入选的果实应立即装箱。

二、分级

桃作为商品,既要有良好的品质,还要求有一定的规格、包装,只有严格的分级,才能保证优质优价,实现高产和高收益。分级就是在挑选的基础上,按照果个、色泽、果面、品质进行扫描分类,以便于批发销售和商品检疫。目前,我国尚无统一的桃果实分级标准,但桃果的分级首先要参照无公害桃的感官要求。通行的做法是在果形、新鲜度、颜色、品质、病虫害和机械伤等方面已符合要求的基础上,再按照大小和单果重分为若干等级。

三、包装

桃果的包装不仅可以在运输、储藏和销售过程中便于装、卸,减少果品相互摩擦、碰撞、挤压等造成的损失,而且还能减少桃果的水分蒸发,保持桃果新鲜度。同时,精美的销售包装,还可以吸引消费者购买。

(一)内包装

内包装是为了防止桃果相互碰撞,同时保持桃果周围有适宜的湿度,以利桃果保鲜的一种辅助包装。一般用衬垫、铺垫、浅盘、各种塑料包装膜、包装纸以及塑料盒等作为内包装。聚乙烯(PE)、聚氯乙烯(PVC)等塑料薄膜可以保持湿度、防止水分损失,而且由于果品本身的呼吸作用产生高浓度的二氧化碳可以在包装内形成小的气调环境,是桃的最适内包装。

(二)外包装

桃果肉质软,不耐震荡、碰撞和摩擦,所以需要有坚硬不变形的外包装。外包装可分为储藏包装和销售包装。

1.储藏包装

需要储藏时间较长才上市销售的晚熟桃果,在储藏期间应用质地坚硬的塑料箱或木箱作为储藏包装,包装箱规格应能盛果 10~15 kg,果实摆放不超过 3 层,以免果实压伤,包装箱应有通风孔,使果实产生的热量能及时散出。

2.销售包装

销售包装是上市时的桃果包装,也是装潢优质高档桃果的一种手段。它由保护桃果的纸箱和印在纸箱上的商标两部分组成。销售包装可通过包装造型和图案、商标来吸引顾客,借以推销商品。销售包装,特别是在优质高档果的售价中占有相当大的比例。优质高档桃果销售包装采用的小包装规格,有 3 kg、5 kg 两种。每箱内的桃果可分为两层。上下用瓦楞纸隔开,每层都要压紧。油桃、蟠桃、极晚熟品种的桃果上市时,可采用 1 ~ 2 kg 的小包装,用透明塑料做成有透明窗的包装盒,便于吸引顾客。

一般情况下,不需要久藏的桃果,都在挑选后直接用内包装外加销售包装,以降低成本,减少消耗。需要储藏后再销售的果实,在挑选后用储藏包装。出售前再经挑选用内包装加销售包装出售。

无论何种包装,切记桃果不能装得太满,以防压伤;也不能装得太浅,使箱内留有较大的空隙,造成在运输、搬运过程中桃果的相互碰撞。

第四节　桃果的保鲜技术

桃是典型的呼吸跃变型果实,成熟期气温较高,呼吸作用强烈,果实迅速软化腐烂,常温下极不耐储藏。为了延长鲜桃市场的供应期,同时错开市场供应高峰,提高经济价值,需对桃果进行储藏保鲜。桃储藏保鲜主要包括预冷和储藏。

一、预冷

桃采收季节气温高,采后果实腐烂软化很快。因此,一般在采后12 h 内对果实进行预冷。对需要远距离运输和储藏的桃果,挑选、包装后应立即置于0 ℃的条件下进行预冷,将果实迅速冷却到5 ℃以内。尽快除去果实所带田间热,降低桃果的呼吸强度,减少消耗。同时,在远距离运输中,用冷藏车运输或需入冷库储藏就更需要进行预冷,因为果品温度与冷库或冷藏车的温度相差3 ℃以上时,容易结露。结露后桃果容易腐烂,对果实品质也有不良影响。桃果预冷的方式通常采用风冷和冷水冷却,后者冷却效果更佳。风冷就是采用机械制冷系统的风机循环冷空气对桃果进行降温。风冷时,桃果与冷风的接触面积越大,冷却速度越快。水冷是以冷水(0.5~1 ℃)为介质的一种冷却方式,将桃果浸在冷水中或用冷水喷淋,达到降温的目的。同时,可在冷却水中加入防腐剂,以减少病原微生物交叉感染。因此,在有条件的地方,可在桃果采收后,立即进行预冷,然后挑选、包装。

二、储藏

桃果储藏的方法有以下几种。

(一)冷藏

桃和油桃适宜的储藏温度为 0 ℃,相对湿度 90%~95%。冷藏是利用机械制冷使库内达到适宜桃果储藏的温度,从而延长桃果储藏时间的一种储藏方法。桃果储藏期的长短与品种、储藏温度密切相关。溶质桃 10~15 ℃的条件下仅能储藏 3~5 d,而在 -0.5~0 ℃、相对湿度 85%~90%的条件下可储藏 7~15 d;不溶质桃在 -0.5~0 ℃、相对湿度 85%~90%的条件下可储藏 14~20 d。冷藏时间久会丧失桃果的风味,果肉发糠,水分减少,失去食用价值。同时,要注意冷藏温度稳定,防止库温波动,储藏温度低于 -1 ℃时,果实会出现冷害,果肉变褐,无法完成后熟过程,失去食用价值。采收后的果实经挑选,应尽快预冷入库,库内堆放排列整齐,箱与箱、箱与墙体、箱与天花板之间均要留有一定空隙,以利通风降温。

(二)气调储藏

气调储藏就是将桃果放在密闭的环境中,调节库内的气体成分,保持适宜的低温,延长果实的储藏期的一种储藏方法。目前,商业上一般推荐桃气调储藏的条件为:温度 0 ℃,氧浓度 1%~2%,二氧化碳浓度 3%~5%,相对湿度 85%~90%,油桃储藏期 45 d。

(三)减压储藏

减压储藏是在冷藏的基础上,将密闭环境中气体压力由正常气压降到负压状态进行储藏的一种储藏方法。有研究发现,桃减压储藏储藏期可达 93 d。减压条件下可抑制桃果的呼吸代谢,抑制乙烯的生物合成,同时及时排除果实体内的乙烯、乙醇等气体,显著延长桃果的储藏寿命。但同时,减压储藏也容易造成果实失水,所以需要及时补充水分。

第五节　优质高档桃果的销售策略

随着桃树栽培生产的产业化,大规模生产的优质高档桃果,要通过一定的渠道才能到达消费者手中。要取得较高的经济收入,营销策略就十分重要。现代营销理论认为,营销是一种沟通行为,是贯穿生产、加工、销售、服务一系列环节的统一行为,使供需双方达成一致。它首先是一种理念的传播,其次是一种策略的执行。

我国是世界上桃生产和消费大国,经营好桃果销售,对于促进我国农村经济发展及开展扶贫攻坚有巨大作用。随着人民生活水平的提高,果品已成为人们生活中不可缺少的必需品。然而桃果市场的营销现状却不容乐观,桃果滞销、腐烂的现象非常普遍。在桃生产的丰年,桃价格暴跌,使得广大果农的辛勤劳作血本无归,严重挫伤了他们的生产积极性;在桃收成较差的年份,因成本、中间商利润分配等原因,市场上的高价未必能给果农带来经济上的实惠。这些现状暴露了我国桃果营销不适应市场经济要求的劣势。政府和企业在探索桃果的营销方面也确实下了很大的工夫,取得了一定的成效,但目前还存在着许多需要改进的问题。

一、收集市场信息

桃果是一类特殊的商品,其特殊之处反过来决定了市场营销的特点。这些特殊之处在于:

(1)桃生产经营活动的不确定性导致了市场营销活动风险性特别高。

(2)桃需求价格弹性低且对市场反应明显滞后。

(3)桃生产的分散性、地区性、季节性与消费的广泛性、集中性、常年性同时存在。

根据以上特点,桃的市场营销目的便划分为两个层次:一是将收获后的桃果及时卖出并在广大市场内寻求最高价位;二是将经过储藏保鲜的桃售出,也就是将桃的成熟期与市场销售的高峰期错开,以卖出高价。这两个层次的营销目的拥有共同的先决条件,即充分收集市场信息,进行市场预测。

企业在市场信息的收集、处理及整个信息管理过程中都应贯彻及时、准确、适用、经济、合理的原则。企业信息的管理须有较强的时间观念,有一种紧迫感。以最迅速、最灵敏、最简洁的方式方法进行收集、加工、传送和反馈。市场信息收集方法主要有以下几方面。

(一)关注科技信息

可从农业杂志、报纸、电视、广播中了解市场供需变化。这些供需变化国内外又有差异,海外求购的果蔬是多种多样的,也许在国内并不好销的果蔬,在国外却可能异常抢手。例如在《蔬菜》杂志每一期均有"海外求"这一专栏,在这个专栏中,人们可以了解到各国不同的果蔬需求,这些市场信息可以说是千金难买的,通过这些海外求购信息,可以大致了解别的国家对哪类果蔬是大量并且长期需要的,一旦打开了这一市场,岂不是财源滚滚来吗?

对于开发海外市场,可能许多果农、菜农认为距离太远,难以实现,实际上并非如此,福建莆田市常太镇的16位果农便飞往新加坡,举办了"常太枇杷节",他们空运了800箱包装精美的枇杷,虽然空运费每千克要增加7.8元,但每千克的售价可比国内多卖20～30元,其中的利润不言而喻。据资料显示,世界上主要的水果进口国家和地区有德国、英国、美国、法国、荷兰、比利时、加拿大、日本、东南亚等。德国是世界上最大的水果进口国,每年进口水果达300万t以上。英国、法国、荷兰、比利时等欧洲国家与法国类似,是世界主要水果进口国,如此可观的市场值得人们开拓。

(二)通过各种农业高新技术成果交流交易会收集信息

农业科技博览会全国每年都会举办多次,有不少达到国际水平。这样的博览会是介绍自己、了解别人的好机会。在博览会上,不仅可以看到各式各样的名、优、新品种,而且商机也在其中,可能有许多客户通过展位对自己的果蔬产生兴趣,经过进一步的洽谈也许就达成了交易意向。另外,通过博览会还可了解更多的高新技术,为自己产品的技术革新提供信息。

(三)到农业类大学及院校寻求技术帮助并获取信息

农业类大学和农业研究院所在高科技开发的最前沿,他们掌握技术并了解市场,他们的研究成果急需转化为生产力。通过联合开发,各取所需,走科技兴农的道路,就可以取得良好的经济效益。

(四)通过网络收集信息

随着电脑的普及,网络已进入了人们的生活,通过网络来收集信息充分体现了网络的快捷、覆盖面广、信息更新快、资源共享等优势。通过电子商务,可将少量、单独的农产品交易转变为规模化、组织化交易。在网上交易的一方是农民群体,另一方是消费群体,双方的地位是平等的,从而解决了小生产与大市场的矛盾。通过网络营销,可以解决广告宣传力度不足的问题,可最大限度地利用信息为农业生产和销售服务。利用电子商务的实时性和交互性,主动选择最有利的市场去销售,使得广大果农不再被动地等待市场。闻名全国的寿光蔬菜批发市场就通过联网实施了网上卖菜,有 8 万人通过网络寻找最佳的市场定位,在网上发布、下载信息,捕捉商机,再通过陆上绿色通道、海上蓝色通道、空中走廊、网上通道等将蔬菜运往全国各地乃至海外市场。

全国的"菜篮子"工程已实施多年,它以优化农业结构、提高"菜篮子"产品质量和增加农民收入为中心,以深化改革、扩大开放和加快推进农业现代化为动力,以实现"菜篮子"与生态环境的协调发展,努力提高居民的生活质量为目标。"菜篮子"工程也能和网络结合,进而收集市场信息。通过网络的"菜篮子"工程,使人民生活更便捷,也能更好地收集市场信息,及时反馈消费者的需求。

农业网站也是收集市场信息的好帮手。农业网站随着农业产业化的迈进,呈现出多元、细分的特点,满足广大农民的信息需求是农业网站所努力的方向。人们足不出户,仅点击鼠标,就可知道天下农业事。可浏览中国星火网(http://cnsp. crtdc. org. cn)、中国农业信息网(http://www. agri. cn)、农博网(http://aweb. com. cn)、中国果品网(http：//www．china‐fruit．com．cn）等,这些网站能较好地沟通国家农业主管部门、科技人员、农户与市场等,提供及时的市场信息。

(五)利用手机收集信息

手机作为现今最为流行、适用的通信工具,受到全世界的欢迎,科学技术的发展又使得手机的功能不仅仅限制在通话、短信业务上,智能手机的出现彻底把手机融入人们生活的各个方面。电子商务的兴起,电子邮件的方便快捷,大家有目共睹,手机作为信息传播的工具,其优势越来越突出。网络是信息流通的最佳渠道。手机网上业务又无疑为人们提供了一个"随身电脑",为商务人士及时获取最新的市场信息提供了良好的环境。我国目前手机用户超过13亿人,人人都可以利用手机收集市场信息。

收集市场信息的途径是多种多样的,无论传统方式还是非传统方式,都要求果农具有一定的知识水平,不能只是整天埋头种地,还需要学会抬头问路找市场。

二、创立品牌商标

品牌定位和产品定位同样是基于鲜明的竞争导向。品牌包含产品但又不等同于产品,品牌在产品之上附加了联想和价值。水果同普通商品一样,要创造出价值必然要求高质量的产品。在现代化商业气息浓郁的社会里,品牌与商标随处可见,品牌是企业为自己产品和服务规定的商业名称标志。从这个定义可以看出,品牌是一个集合的概念。它包括品牌名称和品牌标志两部分。但是,人们经常将品牌和商标混为一谈。商标是一个法律术语,只有当品牌或品牌的一部分在政府有关部门依法注册后才可称为商标。简而言之,品牌的法律化即为商标。

(一)品牌的意义

市场上各种著名产品数不胜数,但是著名的水果品牌却少之又少。缺乏品牌观念和名牌意识是我国农产品的致命伤。没有品牌的水果不仅在国内市场受到冷落,而且难以打入国际市场参与竞争。品牌是充分显示自身产品特点的一个标志,好比人的姓名,是他人了解、认识、称呼的代码,个性鲜明的品牌也便于消费者记忆。品牌是一种承诺,是一种自身商业价值的体现。有了品牌才能更好地配合各种营销活动,使得消费者充分认同该产品,并能在今后的购买中继续选购该产品。

我国市场上水果品牌欠缺的现象非常普遍,比如同样是猕猴桃,新西兰的奇异果品牌价位比我国的猕猴桃产品价位高出几倍。因此,我国优质高档桃果必须实施名牌商标的战略方针。我国桃果价格低于国际市场的价格,为了打进国际市场,稳定国内市场,必须创出自己的名牌产品,有了品牌桃果,可使消费者便于选购,便于广告宣传,促进销售,便于保证和监督产品质量。

(二)创立品牌的策略

一个品牌究竟能创造多少价值呢?举个例子,在2001年中国寿光国际蔬菜博览会上,寿光田马镇的"王婆"牌洋香瓜经过投资评估公司评估后认定其无形资产达到3亿多元。这个惊人的价值距其1999年注册商标仅两年多。这其中除得益于洋香瓜本身品质达到绿色食品要求外,广告的作用也功不可没。注册商标后在电视、报纸上大打广告,推出了"王婆卖瓜不用夸,田马甜瓜甜到家"的广告词,引起了巨大反响,消费者由此认同了该品牌。由此可以看出,对品牌的创立如何定位至关重要。

品牌定位是一种勾画品牌形象和提供价值的行为,以此使该细分市场的消费者理解和正确认识该品牌有别于其他竞争品牌的特征,在消费者心里确定独一无二的位置。品牌定位的最终目的是获取竞争优势。为实现这一目的,品牌定位要经历三个阶段:①明确潜在竞争优势。竞争优势有两种基本类型,即成本优势和产品差别化。企业可对竞争者的成本和经营状况做出估计,并将此作为本企业品牌的水准基点,只要该品牌胜过竞争品牌,也就获得了竞争优势。②选择竞争优势。一家企业可通过集中若干优势将自己的品牌与竞争者的品牌区分开来。并不是所有的品牌差别都是有价值的,如果产品经理通过价值链分析,发现有些优势过小,开发成本太高,或者与品牌的形象极不一致,则需要放弃。③表现竞争优势。企业必须采取具体步骤来确立自己品牌的竞争优势,并进行广告定位。

以美国的新奇士橙为例,其品牌定位的三阶段如下:

（1）明确潜在竞争优势。新奇士橙通过技术推广形成了一年四季的收获期，并且规定了全球统一价或东南亚统一价，以避开内部竞争优势，确立其潜在的成本优势与长供应期的优势。

（2）选择竞争优势。新奇士橙根据其供应期划分，4～10月为夏橙，10月至次年4月为脐橙，可以在国内同类果品未上市时抢占市场。

（3）表现竞争优势。大量推出优惠并辅以广告，确立其优势。通过这样的品牌定位，新奇士橙牢牢占据国际市场份额，对各国同类产品形成巨大竞争优势。

品牌的定位是通过积极宣传而形成的。企业可以选择不同的定位策略，明确定位目标，并结合品牌的包装、销售渠道、促销、公关等向市场传达定位概念。以下介绍7种常见的商品品牌定位策略，以供创立桃果品牌时借鉴。

（1）属性定位策略。即根据产品的某项特色定位。如雷达表宣传它"永不磨损"的品质特色。

（2）利益定位策略。根据消费者的某项特殊利益定位。如高露洁突出"没有蛀牙"的功效。

（3）使用定位策略。根据产品的某项使用定位。如"汽车要加油，我要喝红牛"的红牛饮料，把自己定位于增加体力、消除疲劳的功能性饮料。

（4）使用者定位策略。这是把产品和特定用户群联系起来的定位策略。它试图让消费者对产品产生一种量身定制的感觉，如"太太口服液"定位于太太阶层。

（5）竞争者定位策略。以某知名度较高的竞争品牌为参考点来定位，在消费者心目中占明确的位置，如美国汽车租赁公司阿维斯公司强调"我们是老二，我们要进一步努力"。以在不同程度上增强了产品在消费者心目中的形象。

（6）质量价格组合定位策略。如海尔家电产品定位于高价格、高品质。

（7）生活方式定位策略。将品牌人格化，把品牌当作一个人，赋予其与目标消费群十分相似的个性。如百事可乐以"年轻、活泼、刺激"

的个性形象在一代一代年轻人中产生共鸣。

以上这 7 种品牌定位策略,对于果品而言同样适用。例如,无籽西瓜可根据属性定位策略,突出其特点,即"吃西瓜可以不吐西瓜籽"等。

创品牌和进行品牌化营销,质量是保证,但包装的作用也不可低估。在通往市场的道路上,包装设计是非常重要的一环,包装对产品整体形象的促进作用并不亚于广告。在一次香港美食博览会上,内地的美食充分显示了自身的优势,但同时也暴露了很大的不足,被认为"一流的原料,二流的产品,三流的包装,四流的卖价"。包装是提高产品竞争力和树立品牌的重要手段之一。目前,果品包装的多样化、透明化、组合化已成为包装的新特点。

(1)多样化。一方面,为满足不同需求,箱装的水果出现大、小两种型号,大箱在 10 kg 以内,小箱在 3 ~ 5 kg,甚至更少;另一方面,木箱、塑料箱、金属箱等代替传统纸箱,圆形、筒形、连体形替代方形,竹篮、聚宝盒等工艺包装替代了机制包装。此外,自用廉价型、馈赠祝福型、旅游方便型、产地纪念型等,从用途上满足了消费者的不同需求。

(2)透明化。据抽样调查,95% 以上的消费者在购买水果时要开箱查看。水果包装出现了采用部分透明甚至全部透明的包装形式,既美观,又提高了购买欲和信任度,可谓两全其美。

(3)组合化。有些经销商别出心裁,按某种规律组合包装。比如把不同形状的圆苹果、长香蕉、几串葡萄组合包装。还有按不同颜色、不同性质、不同产地等进行组合包装。另外,还有多品种水果的组合包装,如一箱苹果内装'高上''秦冠''国光'等几个品种,让消费者一品多味。近年来,时令新鲜蔬菜的组合包装在市场上更为多见。

总的来说,我国农业生产经营规模小且分散,品牌资产的经营能力低。与工业的产品仅为单一企业行为不同,果品创品牌是农户、企业、政府三方共同努力的结果。因此,果品的品牌营销应实行从易到难、从静态到动态、从树立产品形象到树立企业形象的发展过程,其路径模式为自然资源型—加工企业型—产业文化型。

创立品牌的途径还有许多,如水果可与旅游观光相结合,让消费者自己充当采果者,采摘后当场过秤,感受采收的喜说,这样消费者必然能记住果园的名字,以果园名字命名品牌,自然达到了创立品牌的目的。

(三)创立新品牌应注意的问题

创立新品牌还应注意以下几个方面的问题。

1. 质量的稳定性

优质高档桃果创立新品牌后,要保证果品质量的稳定性,因为质量没有保证的桃果品牌是不会被消费者接受的。消费者在挑选桃果时,首先考虑的也是质量问题。所以,质量的稳定性是创立桃果新品牌首先要考虑的问题。

2. 价格的合理性

桃果的价格取决于消费者的消费水平和桃果生产及流通环节的成本,可以直接影响消费者的购买欲望。合理的价格既可以保证果农的利益,又可以满足消费者的心理,让他们接受商品,从而保证营业额,这是个实现双赢的过程。

3. 市场的占有率

优质高档桃果市场占有率和创新品牌是相辅相成的,市场占有率高了,则可正面反映出商品的品牌。而一个桃果创新品牌做得好的话,也会直接影响其在果品市场的占有率。所以,优质高档桃果市场占有率和创新品牌是互相体现的。

4. 市场的诚信度

桃果的市场诚信度不仅表现在果品的质量上,还体现在果品的售后服务等方面。现在网络交易、电子商务迅速发展,在虚拟世界里,诚信更要经得起考验,才能够为优质高档桃果打开一个广阔的销售市场。

三、严把果品质量关

为了争创名牌,桃生产基地必须严格按照优质高档桃果的标准,生产、挑选桃果,保证质量,取信于经营者和消费者。通过过硬的桃果质量,不断地提高产品的信誉,赢得市场和消费者。

四、建立高素质的促销队伍

有了名牌和优质高档桃果,还必须有一支高素质的推销队伍,推销人员要有丰富的业务知识和推销技巧。除负责推销果品外,还可将各地桃果市场的要求及时反馈给果品生产基地。基地也可根据市场的反馈信息及时调整种植结构,以保证在激烈的市场竞争中立于不败之地。

促销的作用正如促销定义所言,是促进消费者了解、信赖并购买本企业的产品。这是一个渐进的过程,并不是一个立竿见影的方式,唯有消费者了解并信赖了这个产品,才有可能购买,也许不是这一次,但下一次的促销便可能获得成功。

果品的促销是很重要的,前期一系列的精心准备都是为了最终创造利润,促销的原则是尽可能多地让消费者了解产品。因为促销并不是单谈理论就能得以实现的。果品促销主要有以下四种方式。

(一)广告推销

美国橘在进入我国市场时,除在电视上投放广告外,还制作了大量路牌、灯箱、车身广告等。华盛顿苹果进入中国时,美国果商"从娃娃抓起",在上海举办"美丽的果园——美国华盛顿儿童绘画大赛",提供的各类彩照都是果色迷人的华盛顿果园,可谓用心良苦。相比之下,我国对果品的推销就显得很薄弱了,除极个别的企业,在电视上很难看到推销果品的广告。难道是我们的果品不需要推销,销售无忧吗?事实并非如此。

(二)人员推销

人员推销的方式有一定的障碍,对于上门推销的人员,消费者因为缺乏对产品的了解和信任,且商家无法有效地进行售后服务,因此消费者将大多数推销人员拒之门外。另外,根据果品鲜活易腐的特点,人员推销并不适用。

(三)营业推销

营业推销方式多以礼品、代金券、有奖销售、展销会等方式出现。这种方式对于水果产品比较适用,可以推出诸如买一箱水果送一份礼物,或者多买多优惠的方式进行,但要注意推广的地点。根据全国十大城市消费者消费心态调查,北京的消费者乐于去大型超市,沈阳和石家庄的消费者乐于去批发市场,上海的消费者则更趋向于去百货商店。根据各地消费者不同的特点进行营业推销,效果会比盲目设点好。如何调动消费者的购买积极性,以部分果蔬为例可有以下几种方法。

在超市及菜市场,可以贴出人体每日膳食中维生素的需要量表,对照贴上部分鲜果的维生素含量,再用醒目的字体标出"您补充够一天所需的维生素了吗?"相信消费者必定对此有所感悟。

关于抗癌物质的报道不一而足,但大部分消费者还是愿意相信的。卖番茄的可在柜台前贴出健康短讯,指出每天摄入一定量成熟番茄的番茄红素,可有效地防治前列腺癌,且摄入番茄红素的男子具有较低含量的抗原体。对于花椰菜、卷心菜的促销,也可指出其突出的抗癌功效。诸如此类推销,确有实际效果。

对于热衷美容的女士,可指出水果对皮肤的功效。如葡萄含有葡萄多酚,可保护皮肤的胶原蛋白与弹性纤维,防止紫外线对皮肤的伤害,保护并提高皮肤的抵抗力,可使保湿、美白、抗皱、抗老化同步完成。看到这些,相信爱美的女士一定会对葡萄情有独钟,自然激发了她们的购买欲。

对于家庭而言,孩子的喜好常常决定了主妇对水果的购买倾向。现在的幼儿园多有配餐制度,新品种水果可以采用先赠送后购买的促销方式,让孩子们认识并喜爱上这种水果。这样父母购买这种水果的可能性便大大增加了。

(四)公共关系推销

公共关系的活动方式很多,如赞助和支持各项公益活动、新闻宣传、提供特种服务等。然而,对于中国的果品企业而言,公共关系比较难开展,赞助和支持各项公益活动还为时过早,倒是可以进行一些新闻宣传获得知名度。

广告是一种行之有效的促销方式,如陕西白水县花了1亿元做广告,使得白水苹果很快在全国范围内打开了知名度,一直畅销。其实,广告到处都可做,如江苏米阳县农民纷纷在田头、路边竖起了广告牌,把种养品种、数量、上市时间、联系电话等内容写在广告牌上,使人一目了然,既便宜,又实用,起到了"边种养、边吆喝"的效果。广告的开支一直是个让果农较头疼的问题。借鉴国外经验,果商的庞大广告开支得益于政策的法律支持、政府的财政补贴和果品协会在其中发挥的作用。1987年,美国华盛顿州州长便签署法案,组织苹果协会监督收取每箱苹果1美分的推广税,现在每箱苹果需支付财政税额25美分。因此,1993年美国苹果协会便有2 500万美元的财政预算收入,其中的440万美元用于广告推广。由于广告的推动,美国蛇果迅速占领世界市场。果品协会将如细沙般零散的农户集合成一个拳头面对市场。新奇士橙协会成员几乎占了美国加利福尼亚、亚利桑那两州果农的60%~70%。协会对每周哪棵果树将成熟都有电脑统计,确保产量均匀分布在各个时期。而且协会的全球代表每天都将订单传送到总部,总部再分散到60多家果实包装厂,包装厂将订单按周向果农收购,从总部接收订单到装集装货柜仅需3 d。协会驻在每个包装厂的质检员有15人之多,每箱水果都有个人标记,一旦出问题,能立即查清责任。如此一来,果品质量有保证,广告又打得响,销售自然不成问题了。对于中小企业而言,广告可采用"标记句"的形式让消费者记住产品,如"中国人喝自己的可乐""科技,以人为本"等。善用"标记句"往往能达到出奇制胜的效果,它是营销的利器。

除了上述几种促销方式,果蔬促销还有以下五种可行方式:

(1)建设基地,先建后销。营销的基础是基地,没有大基地的优质果品,在销售时就没有优质可言。

(2)规模经营,集中作战。果品销售市场的竞争是品种、技术、经济条件的大比拼,势单力薄,难经风浪。

(3)八仙过海,各显神通。鼓励多方面力量参与果品营销,变单一渠道为多种渠道,有利于扭转销售不畅的局面。

(4)产销联手,互惠互利。产、销两个环节互相制约,一方获利过重,另一方必然受损。因此,产销联手,构造长期、稳定的营销链。

(5)顺应形势,适价出售。如产量呈上涨趋势,价格呈下跌趋势基本已成定局。在果品营销中要顺应这个形势,适价出售,不要错失商机。

总之，各种促销方式的运用，需要在实践中不断总结与完善，更好地寻找理论与实践的切合点。

五、开通果品国际市场

改革开放以来，农民种植果蔬的积极性得到极大的提高，果蔬市场格局经历了从卖方市场向买方转移并逐步成形。我国加入世界贸易组织之后，果蔬市场进一步国际化，各国经销商纷至沓来，使竞争日趋激烈，而价格是决定市场占有率的关键因素。虽然世界贸易组织的基本原则是贸易自由化，但是一些发达国家利用自身经济、技术优势，制定出极为苛刻的环境指标，树立"绿色壁垒"，以保护本国利益。所以，在经营思路上必须根据国内外市场变化采取相应的决策。除必须有优良的质量、响亮的品牌、精美的包装、强有力的促销方式等作为基础外，绿色营销是 21 世纪开拓果蔬市场的一种可行选择。实施绿色营销是一个复杂的工程，它不仅涉及生态环境和社会公众的利益，而且还涉及生产（农户）、消费（居民）、流通（商业）各个环节的利益。对企业而言，它是一种长期的是经营行为，它必须集信息、资金、生产、销售、服务等功能为一体，并制订总体绿色营销计划、统一营销方案，应用现代营销管理技术，将科技与文化、物质与精神融为一体，开展整体营销活动，才能获得经营效果。在此，结合果蔬产销特点提出以下措施。

（一）实现科技与文化的结合

绿色营销是科技与文化的结合体。首先，要用高新科技武装农业，如应用生命科学和信息科学造就良好的生态环境，保持优良的水质与土质，建立科学合理的耕作制度，以及建设大规模的、立体式的、多品种的绿色基地，为发展绿色有机果品产业提供良好的环境条件；应用高新技术培育良种，生产高产优质水果；应用生物技术研制生物农药与生物有机肥料，保证果蔬产品达到绿色标准。其次，绿色、有机营销本身就是一种文化营销，是一种价值观念，实施绿色和有机营销就要增加文化含量。农业产业蕴含着丰富的文化资源，特别是果品种类繁多、千姿百态。如沉甸甸的葡萄、红澄澄的橘子、鲜红的荔枝等，这些产品本身就是劳动成果与产业文化的结合体，当然，绿色营销的文化含量多少是由诸多因素构成的,实质上它是企业经营理念与消费者价值观的统一,不是由简单的产品命名所决定的。企业管理者把科技与文化结合起来,进而与消费者沟通,传递现代消费信息,促进消费。

(二)发挥龙头企业的作用

龙头企业上连市场、下连基地(或生产者)实行产供销一体化经营,具有较大的辐射和带动作用。实践证明,龙头企业能够把分散的小农户生产带入现代市场,如福建省的超大集团就是集科技、资金、生产与销售于一体的新科技农业综合开发集团,其研制与开发的新型生物有机肥、农药生物降解剂、生物农药和植物生产剂以及超级良种,已广泛应用在省内外的果蔬绿色产品的生产与市场开发上;在销售策略方面,绿色有机产品已在连锁超市上设立绿色专柜,并在福州市人口集中的居民区开辟了超大绿色果蔬产品的专卖店,取得了良好的社会效益与经济效益。应该说明的是,流通体制改革以来,传统的封闭式农产品流通渠道已被打破,但是新型的农产品流通渠道还没有建立起来,目前一些新型的龙头企业就可充当流通主渠道的职能与作用。同时,无论是农业、工业、商业或乡镇企业,只要是实力雄厚、具有开拓国内外市场能力的企业,都可选作绿色有机产品的龙头企业,承担流通渠道的功能。

参 考 文 献

[1] 王力荣,朱更瑞,方伟超,等.中国桃遗传资源[M].北京:中国农业出版社,
  2012.

[2] 李绍华.桃树学[M].北京:中国农业出版社,2013.

[3] 姜全.桃生产技术大全[M].北京:中国农业出版社,2003.

[4] 陈延惠.优质桃丰产高效栽培技术[M].郑州:中原农民出版社,2006.

[5] 高东升.桃优质丰产栽培技术问答[M].济南:山东科学技术出版社,1998.

[6] 王鹏,王东升,许领军.桃速丰高效栽培新技术[M].郑州:中原出版传媒集
  团,2008.

[7] 赵锦彪,管恩桦.桃标准化生产[M].北京:中国农业出版社,2007.

[8] 冯明祥.桃树优质高产栽培[M].北京:金盾出版社,2004.

[9] 边卫东.桃栽培实用技术[M].北京:中国农业出版社,2004.

[10] 孟月娥.桃优质丰产关键技术[M].北京:中国农业出版社,1997.

[11] 张克斌,张鹏.桃无公害高效栽培[M].北京:金盾出版社,2004.

[12] 赵峰,王少敏.桃套袋新技术[M].北京:中国农业出版社,2007.

[13] 侯义龙.桃高效栽培新技术[M].沈阳:辽宁科学技术出版社,1999.

[14] 郭晓成,严潇.桃安全优质高效生产配套技术[M].北京:中国农业出版社,
  2006.

[15] 阎永齐,赵亚夫.桃树栽培技术图说[M].南京:江苏科学技术出版社,2006.

[16] 郭晓成,邓琴凤.桃树栽培新技术[M].咸阳:西北农林科技大学出版社,
  2005.

[17] 刘兴华,陈维信.果品蔬菜贮藏运销学[M].北京:中国农业出版社,2014.

[18] 郭应良.'燕红桃'优质丰产栽培技术[J].中国园艺文摘,2016,32(2):
  193-194.

[19] 宋银花,王志强,刘淑娥,等.春美桃的品种特性及栽培技术要点[J].果农之
  友,2008(12):19.

[20] 魏文玉,王芝学,朱庆善,等.大久保桃精品果园栽培技术[J].天津农业科
  学,2003,9(1):42-44.

[21] 杨建波.地方优良晚熟桃品种——寒露蜜桃[J].中国果树,1993(3):45.

[22] 吕国梁,苏瑾瑶,陈照峰,等.罐藏白桃优良品种——豫白[J].果树科学,1995(1):51-53.

[23] 王鹏,王东升,许领军,等.特早红桃在河南郑州的引种表现[J].西北园艺(果树专刊),2008(3):28-29.

[24] 李靖.晚熟鲜食桃优良新品种八月香选育研究[J].果树学报,2002,18(6):291-294.

[25] 刘尚彬,王敏.早熟桃新秀——早凤王[J].北方园艺,1997(2):12.

[26] 张德和,孙召庆.早熟桃新秀——中国沙红桃[J].中国果菜,2002(6):30-31.

[27] 赵剑波,姜全,郭继英,等.中熟蟠桃新品种——瑞蟠17号的选育[J].果树学报,2007,24(1):121-122.

[28] 郭继英,姜全,赵剑波,等.中熟蟠桃新品种'瑞蟠22号'[J].园艺学报,2009,36(4):616-625.

[29] 郑先波,孙守如,谭彬,等.晚熟桃新品种'秋蜜红'[J].园艺学报,2010,37(4):671-672.

[30] 郑先波,谭彬,宋尚伟,等.晚熟桃新品种——'秋甜'的选育[J].果树学报,2013,30(1):171-172.

[31] 谭彬,郑先波,李靖,等.晚熟鲜食桃新品种'秋硕'[J].园艺学报,2012,39(7):1405-1406.

[32] 郑先波,谭彬,叶霞,等.早熟鲜食桃新品种'玉美人'的选育[J].果树学报,2017,34(4):522-524.

[33] 李靖,陈延惠,夏国海,等.早熟优质新品系——黄水蜜桃的选育研究[J].河南农业大学学报,2001,35(2):130-133.

[34] 郑先波,谭彬,叶霞,等.早熟鲜食桃新品种'豫农蜜香'的选育[J].果树学报,2017,34(8):1061-1064.

[35] 张玉星,马锋旺.果树栽培学各论[M].北京:中国农业出版社,2003.

附 图

A—黄水蜜;B—豫农蜜香;C—玉美人;D—豫白;
E—秋蜜红;F—秋硕;G—八月香;H—大果甜

图1 优良桃品种

（对应第二章桃优良品种介绍）

图2 桃方块形芽接

（对应第三章桃树育苗）

A—三主枝自然开心形；B—Y字形；C—主干形

图3 桃主要树形

（对应第六章桃主要树形及整形修剪）

续图 3

图 4　桃果实包装
（对应第九章桃的采收及商品化处理）

续图 4